新型工业化教育
New Industrialization

普通高等教育应用型特色系列教材

新型工业化·新计算·人工智能系列

ARTIFICIAL INTELLIGENCE

深度学习实践教程

吴微/编著

電子工業出版社
Publishing House of Electronics Industry
北京·BEIJING

内 容 简 介

本书共 8 章，内容包括深度学习基础、深度学习框架 PyTorch 的安装、PyTorch 基础、线性回归和逻辑回归、全连接神经网络、卷积神经网络、循环神经网络及生成式对抗网络。本书首先从深度学习基础知识入手，引领读者动手搭建深度学习框架 PyTorch，然后在 PyTorch 框架下实现深度学习中常用的网络模型。通过本书，读者可对深度学习有一个清晰的认识。

本书中的程序均可在 Windows 系统中运行，不受是否具备 GPU 的限制。本书提供电子课件、源代码，读者可登录“华信教育资源网”（www.hxedu.com.cn）免费下载。书中每章都配有习题和实验，最后还附有参考答案。

本书可作为高等学校数据科学与大数据、人工智能、机器人工程等专业本科生、研究生深度学习相关课程的教材，也适合广大对深度学习有兴趣的读者自学使用。

图书在版编目（CIP）数据

深度学习实践教程/吴微编著. —北京：电子工业出版社，2020.8
ISBN 978-7-121-39396-9

Ⅰ. ①深… Ⅱ. ①吴… Ⅲ. ①机器学习－高等学校－教材 Ⅳ. ①TP181

中国版本图书馆 CIP 数据核字（2020）第 150655 号

责任编辑：刘　瑀
印　　刷：北京天宇星印刷厂
装　　订：北京天宇星印刷厂
出版发行：电子工业出版社
　　　　　北京市海淀区万寿路 173 信箱　　邮编：100036
开　　本：787×1 092　1/16　印张：13.75　字数：352 千字
版　　次：2020 年 8 月第 1 版
印　　次：2025 年 1 月第 9 次印刷
定　　价：42.00 元

凡所购买电子工业出版社图书有缺损问题，请向购买书店调换。若书店售缺，请与本社发行部联系，联系及邮购电话：（010）88254888，88258888。

质量投诉请发邮件至 zlts@phei.com.cn，盗版侵权举报请发邮件至 dbqq@phei.com.cn。

本书咨询联系方式：liuy01@phei.com.cn。

前　言

深度学习课程选择什么样的教材？这是近年来困扰任课教师的一个难题。作为高校数据科学与大数据专业的一线教师，我希望得到这样一本教材：

- **既有理论知识，又有丰富的实例，能让学生动手实践。**

教材能够用简单易懂的语言告诉学生什么是深度学习，让学生理解深度学习中的神经元、神经网络、激励函数、损失函数等基本概念，了解深度学习与人工智能、机器学习的关系。

- **介绍一种深度学习框架。**

学生在这种框架下能够动手实现如卷积神经网络、循环神经网络、生成式对抗网络等常见的网络模型。

- **不涉及太多、太难的数学知识。**

教材能够把深度学习的相关原理讲清楚，但不要变成一本"数学书"，可适应应用型本科学校的教学内容。

- **能满足实验课需求。**

在教材中能够找到合适的、能布置给学生的实验内容。此外，在学校机房只有 Windows 系统、没有 GPU 的环境下，只需进行简单的软件安装，就能完成深度学习的实验。

- **具有完整的教学资源，包括电子课件、习题、实验、源代码、习题解答。**

教师可以根据电子课件准备上课内容，可以从习题、实验中方便地获得课后作业、期末考试的素材，不用一切从零开始。

以上要求本书全都满足。本书共 8 章，内容包括深度学习基础、深度学习框架 PyTorch 的安装、PyTorch 基础、线性回归和逻辑回归、全连接神经网络、卷积神经网络、循环神经网络及生成式对抗网络。本书建议的教学课时分配如下。

教学课时分配建议

教学内容	64 学时		48 学时		32 学时	
	课堂教学	实验教学	课堂教学	实验教学	课堂教学	实验教学
第 1 章　深度学习基础	4		4		2	
第 2 章　深度学习框架 PyTorch 的安装	4	2	2	2	2	
第 3 章　PyTorch 基础	4	2	4	2	2	2
第 4 章　线性回归和逻辑回归	8	4	6	4	4	4
第 5 章　全连接神经网络	6	4	4	2	2	2
第 6 章　卷积神经网络	8	6	6	4	4	4
第 7 章　循环神经网络	4	2	2	2	2	
第 8 章　生成式对抗网络	4	2	2	2	2	
小计	42	22	30	18	20	12

通过本书，读者可对深度学习有一个清晰的认识，能够在 PyTorch 框架下实现常见的网络模型。本书全部代码分别在有 GPU 的服务器上和没有 GPU 的普通计算机上调试通过，其运行环境为 Windows 10 操作系统，软件版本为 Python 3.5.3、PyTorch 0.4。本书提供电子课件、源代码，读者可登录“华信教育资源网”（www.hxedu.com.cn）免费下载。

本书能够快速成稿，离不开我的两名学生曲荣峰和肖玉林的协助，他们帮助我完成了书中图、公式、程序的校验工作，在此表示感谢！特别感谢电子工业出版社的杨寰编辑、刘瑀编辑对本书的出版提供的大力支持。

由于时间仓促和水平有限，书中难免有不妥之处，欢迎广大读者提出宝贵意见。作者联系邮箱：wuwei529@163.com。

编 者

目　　录

第1章　深度学习基础

导读

人工智能、机器学习与深度学习这三个名词读者是否耳熟能详？它们都是什么技术？应用了深度学习技术的 AlphaGo 为什么能战胜人类围棋冠军？深度学习技术如何模拟人的神经系统？目前有哪些流行的深度学习框架？

通过本章的学习，读者能自己找到上述问题的答案。

1.1　人工智能、机器学习与深度学习

1.1.1　人工智能简介

人工智能（Artificial Intelligence，AI）是计算机学科的一个分支，被人们称为21世纪三大尖端技术（基因工程、纳米科学、人工智能）之一。人工智能是研究、开发用于模拟、延伸和扩展人的智能的理论、方法、技术及应用系统的一门新的技术。人工智能的目的是让计算机能够像人一样思考。人工智能的研究方向包括智能机器人、图像识别、自然语言处理和专家系统等。

1956 年夏季，以麦卡塞、明斯基、罗切斯特和申农等为首的一批有远见卓识的年轻科学家聚在一起，共同研究和探讨用机器模拟智能的一系列有关问题，并首次提出“人工智能”这一术语，它标志着“人工智能”这个新兴技术正式诞生。

1997 年 5 月，IBM 公司研制的深蓝（Deep Blue）计算机战胜了国际象棋大师卡斯帕罗夫，为人工智能的发展树立了一个新的里程碑。如今，人工智能已经成为很多工科大学生必须学习的课程。在科学家们的不懈努力下，人工智能在我们生活中几乎随处可见。例如，小米手机中的“小爱同学”、苹果手机中的“Siri”都能够帮助我们发送短信、拨打电话、记备忘录等，甚至还能陪我们聊天；特斯拉汽车具有自动驾驶能力、远程 OTA 升级技术和远程诊断技术；京东的配送机器人能够识别、躲避障碍物，辨别红绿灯，进行路线规划、自动换道、车位识别、自主泊车等；阿里未来酒店无前台，实现让入住人刷脸预定、刷脸入住、刷脸就餐；海底捞饭店的服务机器人能够像服务员一样为顾客提供各种服务。

早期的人工智能技术侧重于计算，如今我们对可自行决策的人工智能应用程序更感兴趣。人工智能可分为两种类型，强人工智能和弱人工智能。强人工智能观点认为机器能像人一样理解、执行任务，如机器人能模仿巴赫作曲。弱人工智能是指只能自动完成某些特定任务的人工智能，如机器人能够完成快速分拣。在人类未来的生活、工作和学习中，无论哪种类型的人工智能，都将扮演越来越重要的角色。

1.1.2 机器学习简介

机器学习（Machine Learning，ML）是人工智能的一个研究领域。机器学习的广义概念是从已知数据中获得规律，并利用规律对未知数据进行预测的方法。机器学习可用于自然语言处理、图像识别、生物信息学及风险预测等，已在工程学、经济学及心理学等多个领域得到了成功应用。

那么，机器是怎样学习的呢？机器学习是一种统计学习方法，机器需要使用大量数据进行学习，从而提取出所需的信息。机器学习主要分为有监督学习（也称监督学习）和无监督学习两种。

1. 监督学习

在监督学习中，我们需要为计算机提供一组标签数据，计算机通过训练，从标签数据中提取通用信息或特征信息（特征值，如图 1.1 所示），以得到预测模型。

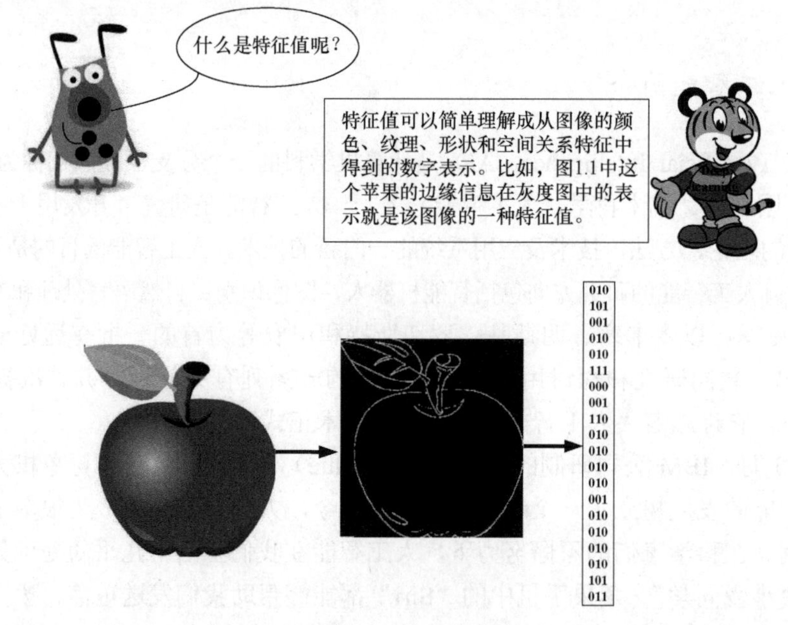

图 1.1 特征值

监督学习的两种主要类型是分类和回归。

在分类中，计算机被训练后可将一个对象划分为特定的类。分类的一个简单例子是电子邮箱中的垃圾邮件过滤器（简称过滤器），过滤器分析被标记为垃圾邮件的电子邮件，并将它们与新邮件进行比较，如果匹配度超过一定的阈值，这些新邮件将被标记为垃圾邮件。在这个分类过程中，给予过滤器的大量被标注为垃圾邮件的邮件称为训练样本（Training Sample），过滤器对训练样本的特征进行统计和归纳的过程称为训练（Training），训练后总结出的判断标准称为分类模型（简称模型）。

在回归中，计算机使用之前已标记的数据来预测未来。例如，使用气象历史数据预测未来天气；根据教育水平、年龄和居住地预测一个人的年收入。

在无监督学习中，数据是无标签的。无监督学习自动从数据中提取特征值，由于大多数真实世界中的数据都没有标签，因此无监督学习特别有用。无监督学习主要分为聚类和降维两种。聚类用于根据属性和行为对对象进行分组。这与分类不同，因为这些组不是人为提供的。聚类的一个例子是将一个人群划分成不同的子组（如基于年龄和婚姻状况分组），然后进行有针对性的营销。降维通过找到共同点来减少数据集中的变量，大多数大数据可视化技术都使用降维来识别趋势和规则。

图 1.2 给出了机器学习的分类。

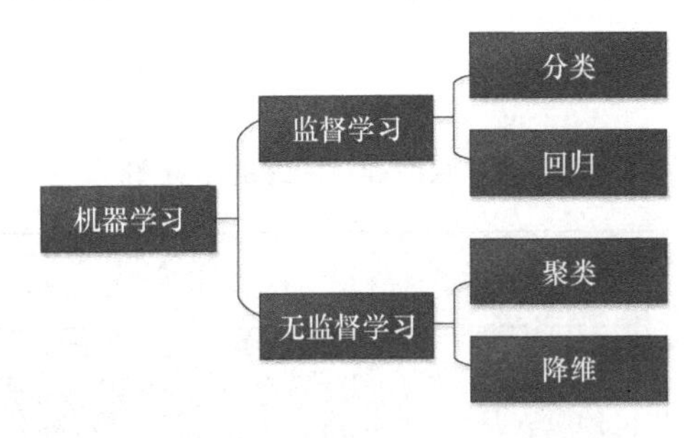

图 1.2　机器学习的分类

深度学习是监督学习还是无监督学习呢？答案是两种算法都会使用。但是，无论是监督学习还是无监督学习，都需要使用大量的数据实现对给定数据的处理。

1.1.3　深度学习简介

深度学习是一种利用深度人工神经网络进行分类、预测的技术。人工神经网络（Artificial Neural Network，ANN，简称神经网络）是机器学习的一个分支，其试图模拟人脑，从而自动提取特征值。在应用层面，与一般的机器学习算法相比，深度学习最大的特点是可以处理各种非结构化数据，如图像、视频、文本、音频等。而一般的机器学习算法更适合处理结构化数据，即可以用关系型数据库进行存储、管理和访问的数据。

神经网络是一种人类受到生物神经细胞结构启发而研究出来的算法。图 1.3 给出了一个深度神经网络（Deep Neural Networks，DNN）的示意图。图中的圆圈表示神经元，连线表示神经突触。信息从网络最左侧的节点输入，经过中间层节点的加工，最终由最右侧的节点输出。神经网络除输入层外从左到右排成多少列就称其有多少层。

神经网络有多少层才算深呢？通常情况下，超过三层的神经网络都可以称为深度神经网络。而目前人们已经可以实现 1 000 多层的深度神经网络了。

到此，我们对人工智能、机器学习、深度学习这三个概念做了简单介绍。图 1.4 把它们之间的关系表述得一目了然。

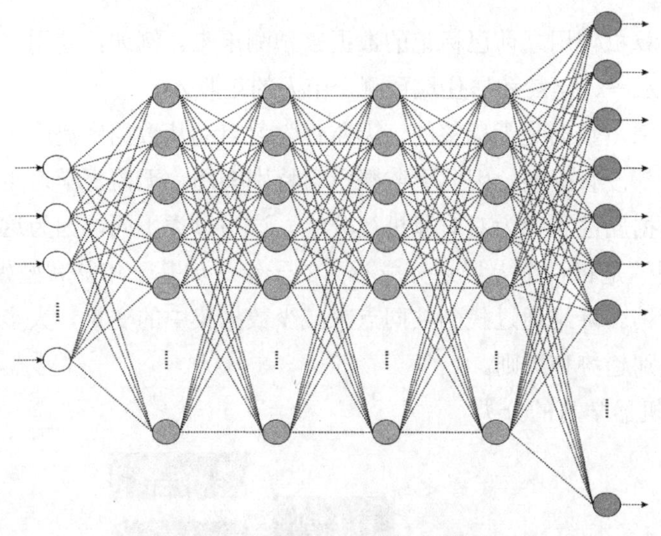

图 1.3 深度神经网络的示意图

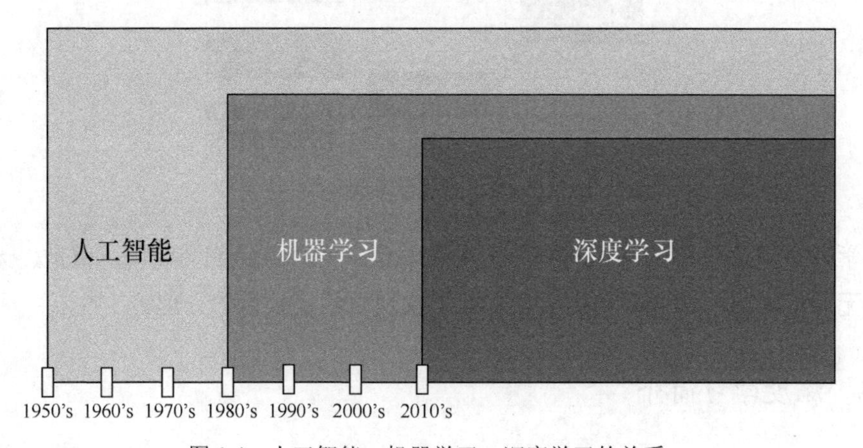

图 1.4 人工智能、机器学习、深度学习的关系

1.2 深度学习的三大核心要素

深度学习的三大核心要素是大数据、深度神经网络架构和高性能的计算能力，如图 1.5 所示。

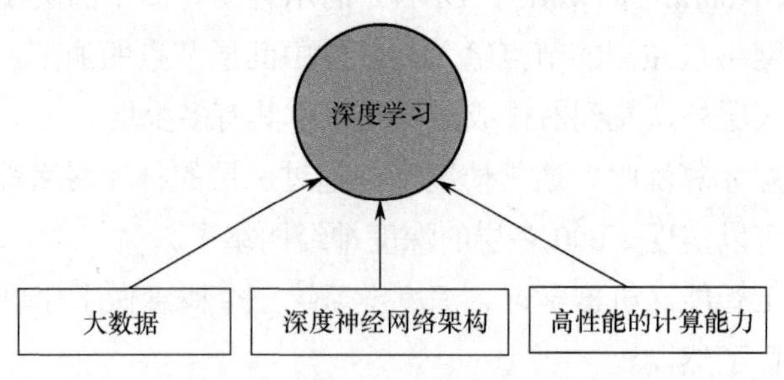

图 1.5 深度学习的三大核心要素

1. 大数据

如果把深度学习比喻成火箭，那么大数据就是火箭的燃料。据 Facebook 统计，Facebook 每天产生 4PB 的数据，包含 100 亿条信息，以及 3.5 亿张照片和 1 亿小时的视频。此外，在 Instagram 上，用户每天要分享 9 500 万张照片；Twitter 用户每天要发送 5 亿条信息。随着互联网特别是移动互联网时代的到来，人们在互联网上的每个动作几乎都会被服务器记录下来，这些数据使人类一下子进入了大数据时代。大数据时代对传统的算法提出了挑战。在传统算法不能满足人类需求的领域，深度学习应运而生。图 1.6 显示了随着数据规模的增加，传统算法和深度学习准确率的对比。

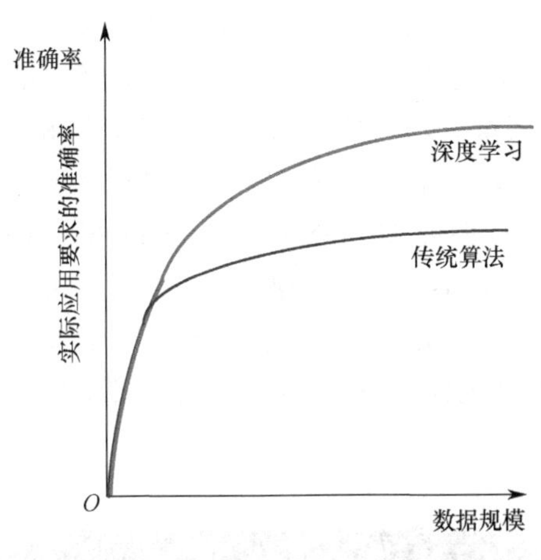

图 1.6　传统算法和深度学习准确率的对比

图 1.6 中，横坐标表示的是数据规模的大小，纵坐标表示的是模型所能达到的分类或预测的准确率。对比这两条曲线可以清晰地看到，随着数据规模的增加，深度学习可以在一定范围内持续不断地提高准确率，而传统算法则会很快地遇到准确率的瓶颈。

2. 深度神经网络架构

深度神经网络架构就是整个神经网络体系的构建方式和拓扑连接结构，目前最常用的有 4 种：全连接神经网络、卷积神经网络、循环神经网络和生成式对抗网络。

在全连接神经网络（Full Connection Neural Network，FCNN，详见第 5 章）中，所有的节点都是一层一层的，每个节点与它相邻层的全部节点相连。这些层一般分为输入层、输出层及介于二者之间的隐藏层。

卷积神经网络（Convolutional Neural Network，CNN，详见第 6 章）一般用于对图片进行处理，该网络可以使原始的图片即使在经历平移、缩放等变换之后仍然具有很高的识别度。正是因为这样特殊的架构，CNN 成功应用于计算机视觉领域。

循环神经网络（Recurrent Neural Network，RNN，详见第 7 章）是一类用于处理序列数据的神经网络，即一个序列当前的输出与前面的输出也有关，常用于自然语言处理等领域。

生成式对抗网络（Generative Adversarial Network，GAN，详见第 8 章）至少包括两个模块：生成网络和判别网络，它们互相博弈，产生相当好的输出。该网络常用于生成影片、三维物体模型等。

最近几年，研究者提出了越来越多的新型网络架构，从而使深度学习的性能得到了大幅提升。

3. 高性能的计算能力

在如此深的网络架构中处理如此大量的数据（且这些数据多以张量的形式表示，详见第 3 章），必须要有高性能的计算能力。但要满足这样的计算能力并不需要大规模增加 CPU，CPU 的强大功能如果只用来做计算就大材小用了，只需要交给擅长大规模张量计算的 GPU 来完成就可以了。

例如，假设有一堆相同的加、减、乘、除计算任务需要处理，那么把这个任务交给几十个中学生就可以了，无须交给大学生，这里的中学生类似于 GPU 的计算单元。而对于一些复杂的逻辑推理问题，如公式推导、科技文章写作等高度逻辑化的任务，交给中学生显然不合适，这时交给大学生更适合，这里的大学生类似于 CPU 的计算单元。

GPU 到底是什么呢？GPU 就是图形处理单元（Graphics Processing Unit），和 CPU 一样，是用于计算的基本单元。只不过 GPU 镶嵌在显卡上，而 CPU 镶嵌在主板上。图 1.7 给出了一款 NVIDIA TITAN RTX GPU，它可利用 576 个张量核心加快人工智能算法的工作流程，并利用 4 608 个 NVIDA CUDA 核心加快并行计算，它可以在几分钟内分析 1.2 亿条航空公司数据记录。

图 1.7 NVIDIA TITAN RTX GPU

GPU 为什么擅长进行大规模的张量计算，从而能快速完成深度神经网络的计算呢？这要从 GPU 的逻辑架构来分析。

图 1.8 对 CPU 与 GPU 的逻辑架构进行了对比。其中 Control 是控制器、ALU 是算术逻辑单元、Cache 是 CPU 内部缓存、DRAM 是内存。可以看到，GPU 设计者将更多的 ALU 作为执行单元，而不像 CPU 那样需要更复杂的控制器和更多的内部缓存。从存储空间来看，CPU 空间的 25%是 ALU，而 GPU 空间的 90%是 ALU，这就是 GPU 计算能力超强的根本原因。

到此，大数据、深度神经网络架构和高性能的计算能力这三大深度学习的核心要素就介绍完了，我们可以踏上学习深度学习的康庄大道了。

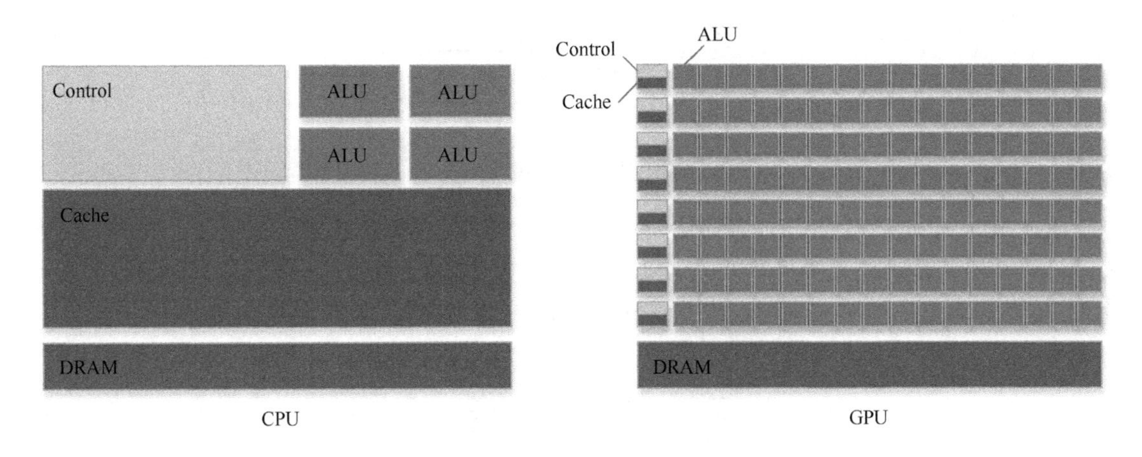

图 1.8　CPU 和 GPU 的逻辑架构对比图

1.3　神经元与深度神经网络

计算机是如何模拟人的神经系统的？

人的神经系统非常复杂，其基本组成单位是神经元。成人的大脑中大约有 1 000 亿个神经元。下面来看看人工智能中的神经网络是如何实现这种模拟，并且达到惊人效果的。

计算机模拟人的神经系统是从模拟神经元开始的。人的神经元包含树突、细胞核和轴突，如图 1.9 所示。树突接收上一个神经元的轴突释放的化学物质使该神经元产生电位差，形成电流，传递信息。每个神经元可以有一个或多个树突。而神经网络中的神经元模型包含输入、计算模块和输出三个部分。输入模拟人的神经元的树突，输出模拟人的神经元的轴突，计算模块模拟人的神经元的细胞核。

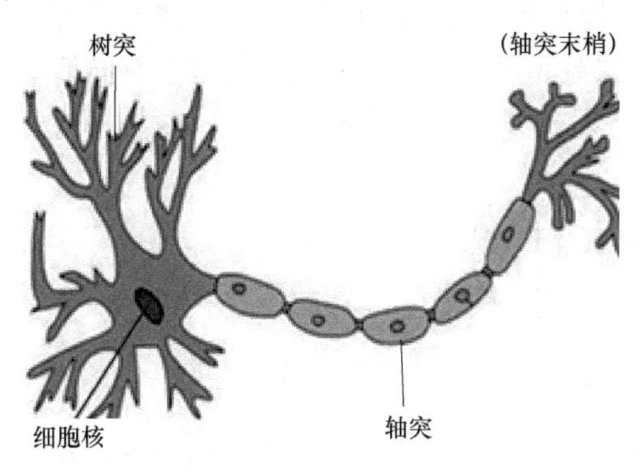

图 1.9　人的神经元

图 1.10 给出了一个典型的神经元模型，包含两个输入、两个计算模块（求和与非线性函数）及一个输出。

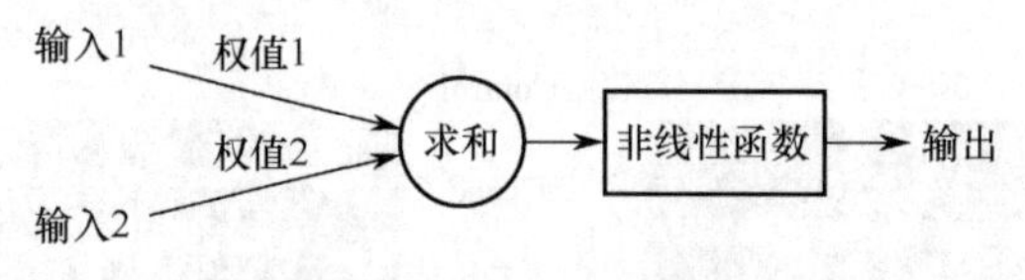

图 1.10 神经元模型

图 1.10 中，连接输入与计算模块的箭头称为“连接”。每个连接上有一个“权值”用来表示权重。连接是神经元中最重要的一部分，每个连接都表示值的加权传递。若使用 a 表示输入，w 表示权值，则加权输出结果为 $a*w$，如图 1.11 所示。

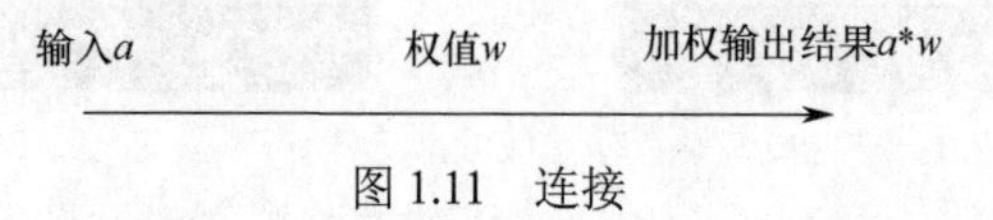

图 1.11 连接

训练一个神经网络就是将权值调整到最佳，以使整个模型的效果最好。下面将图 1.10 所示的神经元模型用变量符号来表示，如图 1.12 所示。

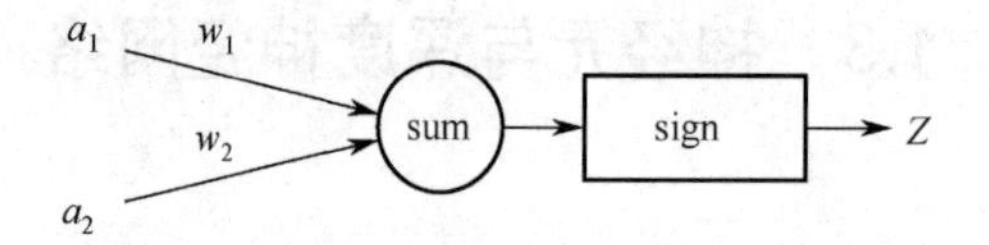

图 1.12 神经元模型（变量符号表示）

根据图 1.12，可得输出 Z 的计算公式：

$$Z = \text{sign}(a_1*w_1 + a_2*w_2)$$

sign(x)称为符号函数，在数学运算中，其功能是取某个数的符号。sign(x)的定义如下：

$$\text{当 } x > 0 \text{ 时，} \text{sign}(x) = 1$$

$$\text{当 } x = 0 \text{ 时，} \text{sign}(x) = 0$$

$$\text{当 } x < 0 \text{ 时，} \text{sign}(x) = -1$$

下面对图 1.12 进行一些变换。将 sum 函数与 sign 函数合并到一个圆圈里，代表神经元的内部计算。另外，一个神经元可以引出多个代表输出的有向箭头，但是值都是一样的，如图 1.13 所示。

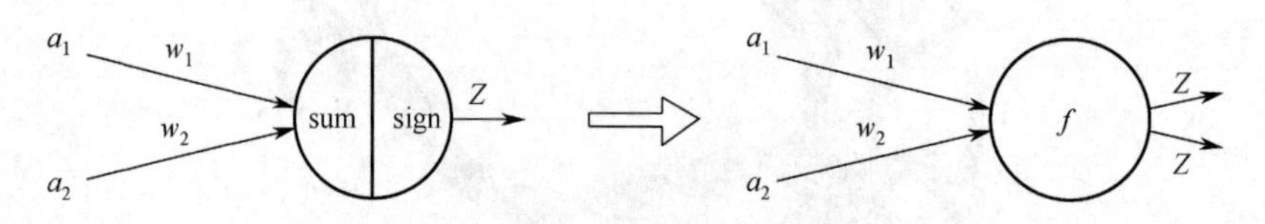

图 1.13 神经元模型变换

神经元模型可以视为一个计算与存储单元。计算是指神经元对其输入进行计算的功能；存储是指神经元能够暂存计算结果，并将其传递到下一层的功能。

当用神经元组成神经网络以后，描述神经网络中的某个神经元时，更多地会用“单元”（Unit）一词。同时由于神经网络的表现形式是一个有向图，因此有时也会用“节点”（Node）来表达。

若图 1.12 中的两个已知输入是属性 a_1，a_2，未知输出是属性 Z，则属性 Z 可以通过公式计算出来。上述已知的属性称为特征，未知的属性称为目标。假设特征与目标之间是线性关系，并且已经得到表示这个关系的权值 w_1，w_2，那么就可以通过神经元模型预测新样本的目标。

1.4　神经网络中常用的激励函数

深度学习的基础是神经网络。假设在一个单层神经网络（又称感知器）中，输入和输出满足公式：

$$y = w_1x_1 + w_2x_2 + b$$

计算关系如图 1.14 所示。

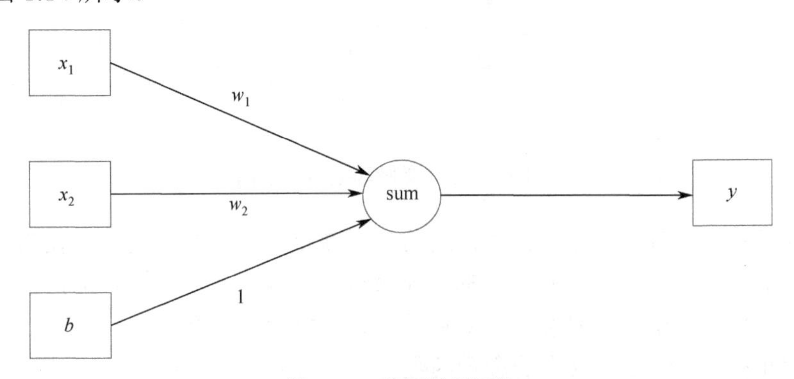

图 1.14　单层神经网络

那么输入与输出满足线性关系。在增加了两个神经元之后，计算公式也类似：

$$y = \sum_i w_i x_i + b,\ \ w_i = \sum_j w_{ij}$$

计算关系如图 1.15 所示。

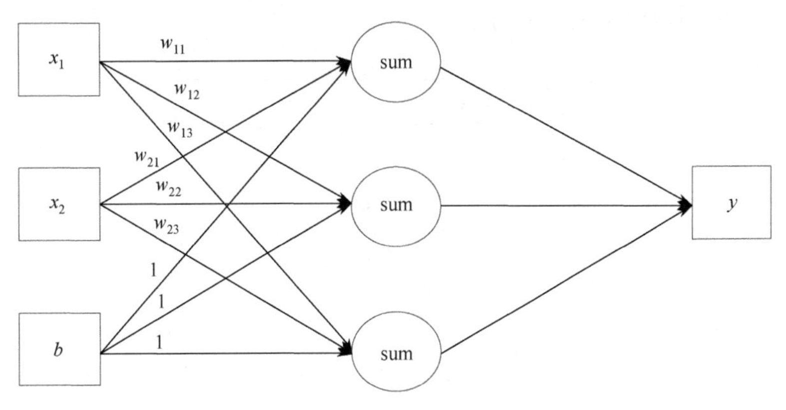

图 1.15　单层神经网络

不过这样的模型只能处理一些简单的线性可分数据，对于线性不可分数据很难有效处理，如图 1.16 所示。

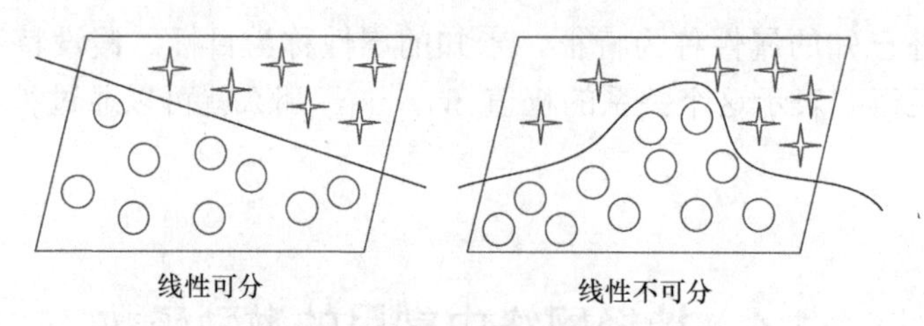

图 1.16 处理数据能力

在神经网络中加入激励函数（非线性）后，神经网络就有可能学习到平滑的曲线来实现对线性不可分数据的处理了，如图 1.17 所示。

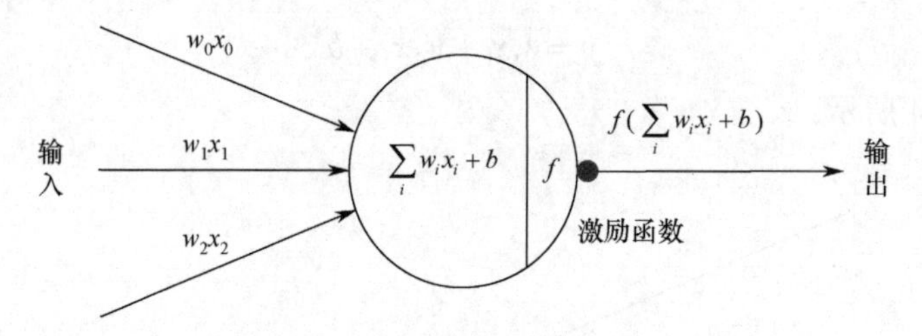

图 1.17 加入激励函数后的输出

因此，神经网络中激励函数的作用，通俗来说就是将多个线性输入转换为非线性输出。如果不使用激励函数，神经网络的每层都只能做线性变换，即使多层叠加，也只能做线性变换。通过激励函数引入非线性因素，可使神经网络的表示能力更强。

下面介绍几种神经网络中常用的激励函数。

1. Sigmoid 函数

Sigmoid 函数的表达式如下：

$$\text{Sigmoid}(x)=\frac{1}{1+\mathrm{e}^{-x}}$$

Sigmoid 函数的图像如图 1.18 所示。

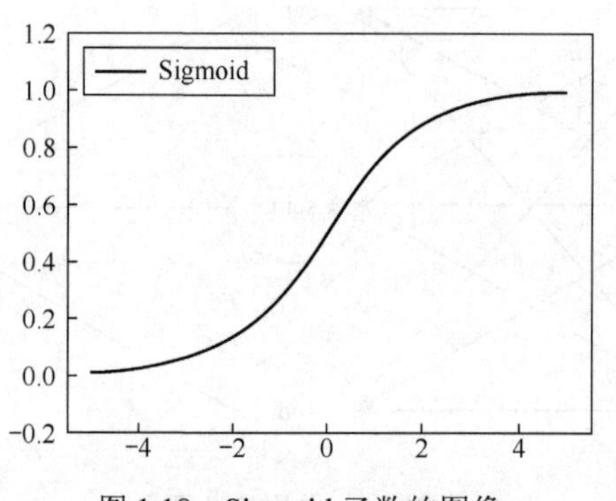

图 1.18 Sigmoid 函数的图像

Sigmoid 函数是神经网络中使用很频繁的激励函数。它能把一个实数压缩至 0～1 之间，当输入非常大的正数时，结果会接近于 1，当输入非常大的负数时，则会得到接近于 0 的结果。它很好地解释了神经元受到刺激后是否被激活和向后传递的场景（0：几乎没有被激活，1：完全被激活）。不过近几年在深度学习的应用中较少见到它的身影，因为使用 Sigmoid 函数容易出现梯度消失现象。

【小知识】

使用反向传播算法传播梯度时，随着传播深度的增加，梯度会急剧减小，导致浅层神经元的权重更新非常缓慢，不能有效学习。这样一来，深层模型也就变成了前几层相对固定，只能改变后几层的浅层模型。

当神经网络的层数很多时，如果每一层的激励函数都采用 Sigmoid 函数，就会产生梯度消失的问题，因为利用反向传播算法更新梯度时，会乘以它的导数，所以梯度会一直减小。

2．tanh 函数

tanh 函数为双曲正切函数。在数学中，tanh 函数是由基本双曲函数：双曲正弦函数、双曲余弦函数推导而来的。其表达式如下：

$$\tanh x = \frac{\sinh x}{\cosh x} = \frac{e^x - e^{-x}}{e^x + e^{-x}}$$

tanh 函数的图像如图 1.19 所示。

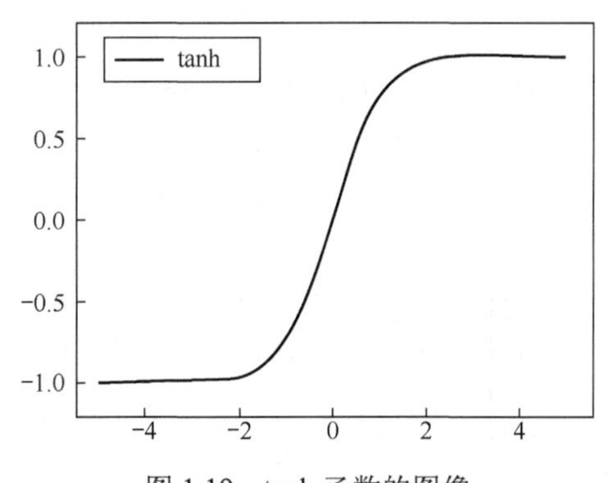

图 1.19　tanh 函数的图像

$y = \tanh(x)$是一个奇函数，其函数图像为过原点并且穿越一、三象限的严格单调递增的曲线，其图像被限制在两条水平渐近线 $y=1$ 和 $y=-1$ 之间。

tanh 函数将输入压缩至−1～1 之间。该函数与 Sigmoid 函数类似，也存在梯度消失问题。

3．ReLU 函数

ReLU 是修正线性单元（Rectified Linear Unit）的简称。其表达式如下：

$$\mathrm{ReLU}(x) = \max(0, x)$$

ReLU 函数的图像如图 1.20 所示。

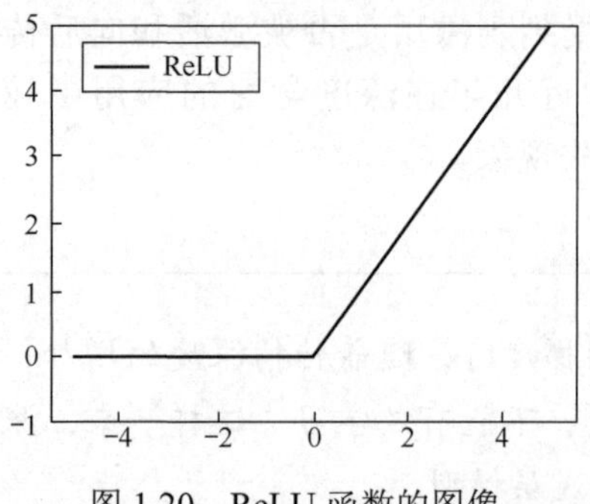

图 1.20　ReLU 函数的图像

近年来，ReLU 函数在深度学习中使用得很多，该函数可以解决梯度消失问题，因为它的导数等于 1 或者 0。相对于 Sigmoid 函数和 tanh 函数，对 ReLU 函数求梯度非常简单，计算也很简单（因为 ReLU 函数是线性的，而 Sigmoid 函数和 tanh 函数是非线性的），可以很大程度提升随机梯度下降的收敛速度。

ReLU 函数的缺点是比较脆弱，随着训练的进行，可能会出现神经元死亡的情况。例如，有一个很大的梯度经过 ReLU 函数后，结果可能是在此之后任何数据都没有办法再激活这个神经元了。如果发生这种情况，那么流经神经元的梯度从这一点开始将永远是 0。也就是说，神经元在训练中不可逆地死亡了。

4．Elu 函数

Elu 函数的表达式如下：

$$\mathrm{Elu}(x)=\begin{cases}x, & x\geqslant 0\\ \alpha(\mathrm{e}^x-1), & x<0\end{cases}$$

Elu 函数的图像如图 1.21 所示。

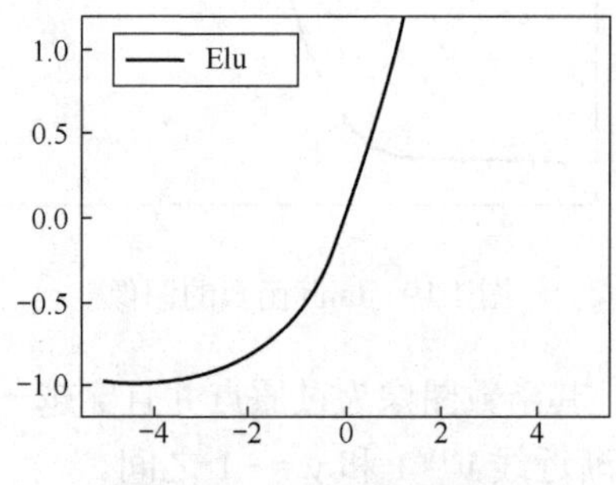

图 1.21　Elu 函数的图像

Elu 函数在正值区间的值为 x 本身，这样避免了梯度消失问题（在 $x>0$ 区间内的导数为 1），这点与 ReLU 函数相似。而在负值区间，Elu 函数在输入取较小值时具有软饱和特性，提升了对噪声的鲁棒性。

5．Leaky ReLU 函数

Leaky ReLu 函数的表达式如下：

$$\text{Leaky ReLu}\ (x)=\begin{cases} x & ,\ x>0 \\ \lambda x & ,\ x\leqslant 0 \end{cases}$$

Leaky ReLU 函数能够避免梯度消失问题，当神经元处于非激活状态时，它允许一个非 0 的梯度存在，这样不会造成梯度消失，收敛速度快。它的优缺点与 ReLU 函数类似。

6．Maxout 函数

Maxout 函数的表达式如下：

$$\text{Maxout}(x)=\max(\boldsymbol{w}_1^{\mathrm{T}}x+b_1,\boldsymbol{w}_2^{\mathrm{T}}x+b_2)$$

Maxout 函数也是近些年非常流行的激励函数，简单来说，它是 ReLU 函数和 Leaky ReLU 函数的一个泛化版本，当 $\boldsymbol{w}_1$、b_1 为 0 时，Maxout 函数便转换为 ReLU 函数。

因此，Maxout 函数继承了 ReLU 函数的优点，同时没那么容易造成梯度消失。但相比于 ReLU 函数，Maxout 函数因为有 2 次线性映射运算，所以计算量会翻倍。

1.5　深度学习的优势

深度学习之所以强大，主要原因有两个：一是不用提取特征，二是处理线性不可分数据的能力强。

1．不用提取特征

在传统的分类算法中，提取特征是一个非常重要的前期工作，人们要亲自从大量数据样本中整理出特征，以便分类算法后续使用。否则这些基于概率和基于空间距离的线性分类器是没办法工作的。然而在神经网络中，由于大量线性分类器的堆叠及卷积的使用，它对噪声的忍耐能力、对多通道数据上投射出来的不同特征的敏感程度非常高。这样人们就不需要进行特征提取工作，只需简单地将待处理的数据和期望输入神经网络，由神经网络来完成特征提取。这也就是我们通常所说的 End-to-End 的训练方式，这种方式通常需要样本数量极多。

2．处理线性不可分数据的能力强

神经网络还有一个神奇之处，那就是它采用线性分类器的堆叠把线性不可分的问题变得可分。神经网络的每个神经元都是一个线性分类器，所以神经网络能通过线性分类器的组合解决线性不可分问题。

下面来看一个简单的例子。

在二维空间中有一个不规则的四边形（如图 1.22 所示），可以看出，只用一条线（一个线性分类器）进行分类，并保证其一侧是这个四边形内所有的点（称为“类别 1 ”），另一侧是其他的点（称为“类别 0 ”），是不可能的，因为不管怎么画，一条线都解决不了问题。那么我们画 4 条线来解决。

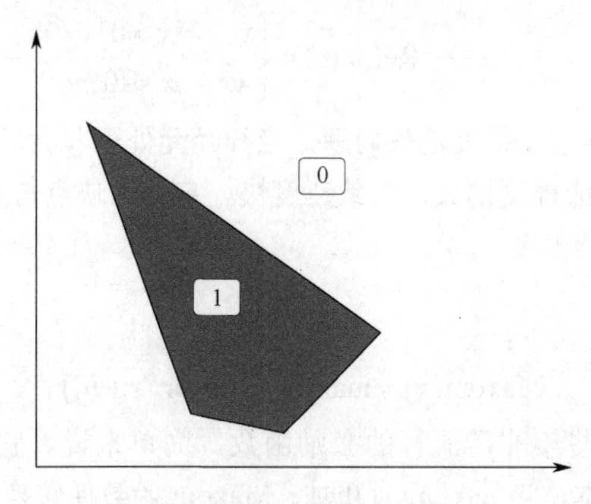

图 1.22 不规则的四边形

我们用图 1.23 中的 4 条线把它围起来，也就是只有同时满足 4 条线分类标准才能得到我们想要的分类，每条线的表达式都形如 $f(x)=wx+b$ 。因此，每个神经元节点表达式的前半部分 $f(x)=wx+b$ 就是一个线性分类器模型，而后这些模型做集合中的“相交”操作就可以得到我们想要的分类了。

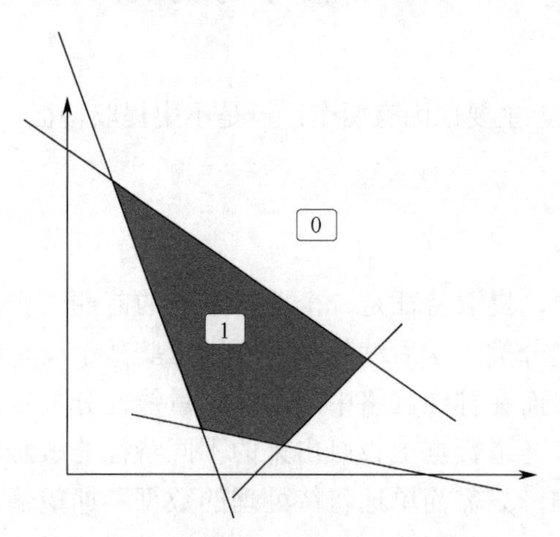

图 1.23 同时满足 4 条线的分类标准

一个神经网络中的神经元可以有很多层，每层可以有很多个神经元，整个神经网络可以有几千甚至几万个神经元。那么在这种情况下，我们几乎可以描绘出任意线性不可分模型。当然，这里用一个简单的二维向量来进行示意，在真正的应用场景中，这些向量通常有几十万个维度，神经网络的层数也会非常深，这就是深度学习。

随着维度的增加、深度的加深，神经网络所能描述的分类器的复杂程度也会增加，所以传统分类问题中无法通过简单线性分类器和非线性分类器处理的复杂学习场景（如图形、视频、音频等）就能够通过海量分类器的叠加来实现。此外，在引入激励函数后，神经网络还可以直接处理线性不可分问题，这就使神经网络更加强大。

但同时也要说明，有人可能会认为深度学习在任何情况下都比传统算法表现更好，实际上并不是这样的，有时传统算法只需要很少的训练样本（几百个或上千），但具有非常好的解释特性，能够清晰地解释处理的是什么特征，以及任何一个指标值大小变化的意义。而深度学习可能需要数以万计的样本来做训练才能达到同样的效果，所以，千万不要盲目相信深度学习的能力，毕竟“尺有所短，寸有所长”。

1.6　常用的深度学习框架

在深度学习的起步阶段，每个深度学习研究者都需要编写大量的重复代码。为了提高工作效率，这些研究者就将这些代码写成了框架放到网上，让所有研究者一起使用。接着，网上就出现了各种各样的框架。随着时间的推移，好用的几个框架被大量使用从而流行起来，这里介绍三个最著名的深度学习框架：PyTorch、TensorFlow、Caffe。

1. PyTorch

PyTorch（如图 1.24 所示）是 Facebook 公司发布的开源框架，是在机器学习和科学计算工具 Torch 的基础上针对 Python 语言开发的，一经推出就迅速风靡。PyTorch 提供了 Python 接口，能够实现强大的 GPU 加速，同时还支持动态神经网络，这是很多主流深度学习框架（如 TensorFlow）都不支持的。

图 1.24　PyTorch 图标

PyTorch 既可以视为加入了 GPU 支持的 NumPy（Numerical Python），也可以视为一个拥有自动求导功能的强大的深度学习框架。除 Facebook 外，它已经被 Twitter、CMU 和 Salesforce 等机构采用。PyTorch 支持 Windows、Linux、Mac 操作系统。

本书选用 PyTorch 框架来讲解所有的实例，书中的所有实例都在 PyTorch 0.4 下实现。

2. TensorFlow

Google 公司的 TensorFlow（如图 1.25 所示）是一款使用 C++语言开发的开源数学计算框架，该框架使用数据流图的形式进行计算，图中的节点代表数学运算。TensorFlow 灵活的架构使其可以被部署在多种平台上，如台式计算机中的一个或多个 CPU（或 GPU）、服务器、移动设备等。TensorFlow 最初是由研究者和 Google Brain 团队针对机器学习和深度神经网络而开发的，开源之后几乎可以在各个领域使用。

图 1.25　TensorFlow 图标

TensorFlow 的维护与更新比较频繁，并且有 Python 和 C++接口，教程也非常完善。但相较于 PyTorch，TensorFlow 的代码更复杂，易读性较差。而且 TensorFlow 是静态的，在神经网络建立后，若还想改变它，则需要重新开发。而 PyTorch 的自动求导功能使其能够实现动态改变。

3. Caffe

Caffe（如图 1.26 所示）的全称是 Convolutional Architecture for Fast Feature Embedding，由加州大学伯克利分校的贾扬清博士开发，是一个清晰而高效的开源深度学习框架，目前由伯克利视觉中心（Berkeley Vision and Learning Center，BVLC）维护。Caffe 也是用 C++语言编写的，提供了 C++接口，还提供了 Matlab 接口和 Python 接口。

Caffe Caffe2

图 1.26 Caffe 图标

Caffe 的缺点是不够灵活，同时占用内存大，Caffe 的升级版本 Caffe2 也已经开源了，其修复了一些问题，工程水平也得到了进一步提高。

最后，简单提及一下 Theano 和 PaddlePaddle。Theano 于 2008 年诞生于蒙特利尔理工学院，其派生出了大量的深度学习 Python 软件包，最著名的是 Blocks 和 Keras。它是为深度学习中的大型神经网络算法专门设计的，是这类库的首创，被认为是深度学习研究和开发的行业标准。但目前因为 Theano 的开发人员大多去了 Google 参与 TensorFlow 的开发，其已经不再更新了。PaddlePaddle 是百度研发的开源的深度学习平台，也是国内最早开源的深度学习平台。

本章小结

本章从人工智能、机器学习与深度学习这三个耳熟能详的名词入手，对它们进行了简单介绍。随后对深度学习进行了逐步深入的讲解，先介绍了神经元与深度神经网络，进而介绍了深度学习的三大核心要素和常用的激励函数，并总结深度学习的优势，最后介绍了常用的深度学习框架 PyTorch、TensorFlow、Caffe。

习　题

1. 填空题

（1）在图 1.27 所示的三个圆圈表示的范围中填入深度学习、人工智能、机器学习三个词。

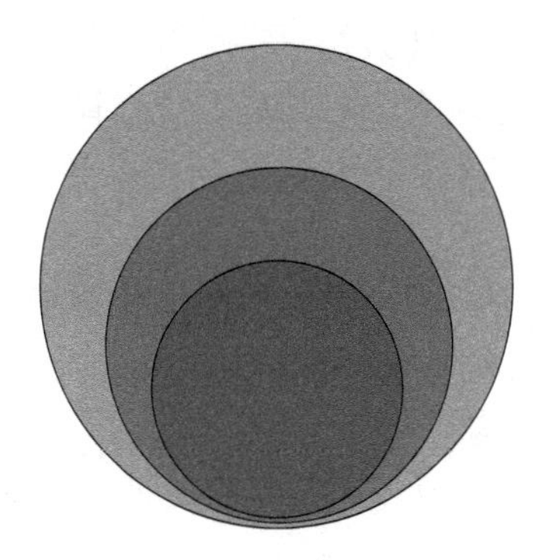

图 1.27　填空题第（1）题图

（2）神经网络中的神经元模型包含输入、__________和输出三个部分。输入模拟人的神经元的 __________，输出模拟人的神经元的 ___________， ____________模拟人的神经元的细胞核。

（3）Sigmoid 函数输出的变化范围：______________。

（4）神经网络中的箭头称为______________。

（5）人工智能的两种类型：________________和______________。

2．选择题

（1）请选出不是深度学习三大核心要素的一项。（　　）

A．大数据　　B．深度神经网络架构

C．高性能的计算能力　　D．高速网络访问

（2）以下属于强人工智能的一项是（　　）。

A．能够把原件抓取到生产线上的机器手　　B．分拣快递的机器人

C．指纹识别系统　　D．会谱曲的机器人

（3）支持动态神经网络的深度学习框架是（　　）。

A. Caffe　　B. TensorFlow　　C. Theano　　D. PyTorch

（4）以下哪个不是常用的深度学习框架？（　　）

A. Caffe　　B. TensorFlow　　C. Theano　　D. Python

（5）监督学习的两种主要类型是（　　）和回归。

A．分类　　B．训练　　C．深度学习　　D．梯度

3．简答题

（1）写出以下函数的表达式：Sigmoid 函数、tanh 函数、ReLU 函数、Leaky ReLU 函数、Elu 函数、Maxout 函数。

（2）画出以下函数的图像：Sigmoid 函数、tanh 函数、ReLU 函数、Elu 函数，注意函数的变化范围。

（3）什么是深度学习？

（4）什么是人工智能？

（5）什么是机器学习？

（6）深度学习强大的原因主要是什么？

（7）神经网络中的神经元模型包含哪三部分？分别模拟人的神经元的哪些部位？

（8）画出一个神经元模型，包含三个输入、一个计算模块及一个输出，实现求积的功能。

（9）有人说无论在什么条件下，深度学习都比传统算法要好，你觉得对吗？

（10）说出 CPU 和 GPU 在逻辑架构上的区别。

（11）什么是深度神经网络架构？

（12）机器学习主要分为监督学习和无监督学习两种，请说出监督学习的两种主要类型及无监督学习的两种主要类型。

第 2 章　深度学习框架 PyTorch 的安装

导读

要想快速实现深度神经网络的构建，必须使用深度学习框架。从本章开始，本书将介绍深度学习框架 PyTorch。通过本章的学习，读者将会了解为什么选择 PyTorch 进行开发，也将学会如何把这个框架安装在 Windows 系统和 Linux 系统中，同时将了解两个编写 PyTorch 程序的集成开发环境。

2.1　PyTorch 介绍

2017 年 1 月，Facebook 人工智能研究院在 GitHub 上发布了 PyTorch，而后 PyTorch 迅速占领 GitHub 热度榜榜首。PyTorch 的特点如下。

1．简洁

PyTorch 追求最少的封装。PyTorch 的设计遵循由张量到变量再到神经网络这三个由低到高的抽象层次，而且保持这三个抽象层次之间的紧密联系，使开发者可以同时对这三个层次进行修改。PyTorch 的源代码只有 TensorFlow 的十分之一左右，更直观的设计使得 PyTorch 的源代码十分易读。

2．运行速度快

框架的运行速度和开发者的编码水平有极大关系，但同样的算法，使用 PyTorch 实现更有可能快过使用其他框架实现。

3．易用

PyTorch 让开发者尽可能地专注于实现自己的想法，即所思即所得，不需要受到太多关于框架本身的束缚。

4．活跃的社区

PyTorch 提供完整的文档和开发者亲自维护的论坛。Facebook 人工智能研究院为 PyTorch 提供了强力支持，作为当今世界闻名的深度学习研究机构，Facebook 人工智能研究院的支持足以确保 PyTorch 持续更新。

在 PyTorch 推出不到一年的时间内，GitHub 上就出现了利用 PyTorch 解决各类深度学习问题的方案，同时也有许多新发表的论文采用 PyTorch 作为实现工具，由此可以看出，

PyTorch 正在受到越来越多开发者的青睐。

本书基于 PyTorch 介绍深度学习的实践，需要特别说明的是，考虑到 GPU 价格比较昂贵，很多学校还无法做到为机房中的每台计算机都装上 GPU，所以本书的绝大多数程序都可以在没有 GPU 的 Windows 系统上实现（当然在装有 GPU 的计算机上能更快地得到运行结果）。要将这些程序移植到装有 GPU 的环境下，读者只需要添加简单的几条语句就可以了。

2.2 Windows 系统中 PyTorch 的配置

2.2.1 安装 Python

PyTorch 是在 Python 的基础上安装的，所以首先要在计算机上安装 Python。本书安装的 Python 版本为 Python 3.5.3。以下为在 Window 系统中安装 Python 的简单步骤。

打开浏览器访问 Python 官方网站，进入下载界面，网址为 https://www.python.org/downloads/windows/，如图 2.1 所示。

Note that Python 3.5.3 *cannot* be used on Windows XP or earlier.

- Download Windows help file
- Download Windows x86-64 embeddable zip file
- Download Windows x86-64 executable installer
- Download Windows x86-64 web-based installer
- Download Windows x86 embeddable zip file
- Download Windows x86 executable installer
- Download Windows x86 web-based installer

图 2.1 Python 3.5.3 下载界面

双击下载的安装文件，进入 Python 安装向导，如图 2.2 所示。

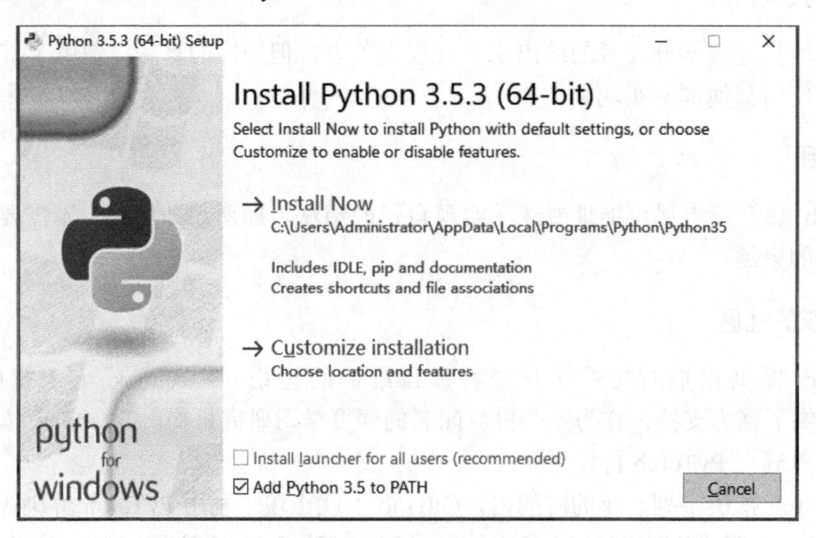

图 2.2 Python 安装向导

勾选 Add Python 3.5 to PATH，将 Python 添加到环境变量中。单击“Install Now”按钮，按照安装向导的提示进行安装。

安装成功界面如图 2.3 所示。

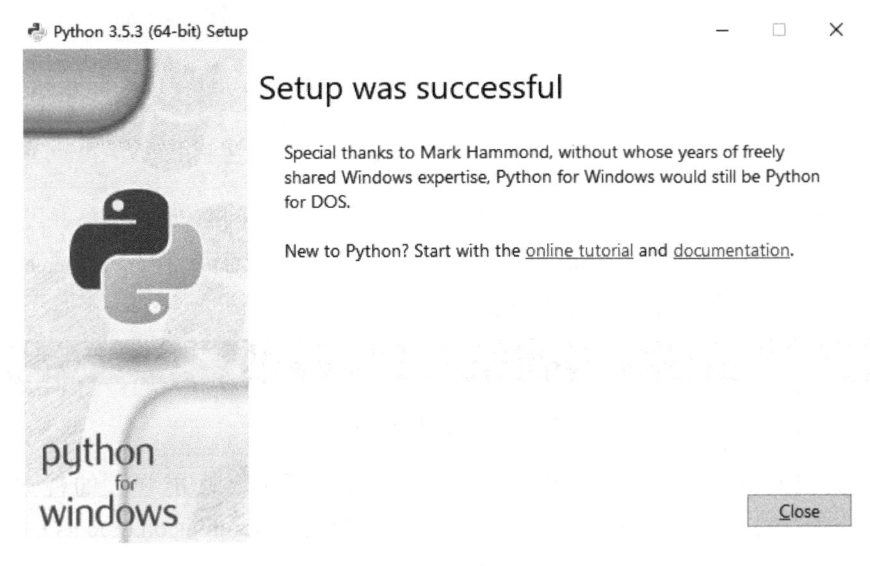

图 2.3　Python 安装成功界面

2.2.2　PyTorch 环境搭建

登录 PyTorch 官方网站 https://pytorch.org/，如图 2.4 所示。

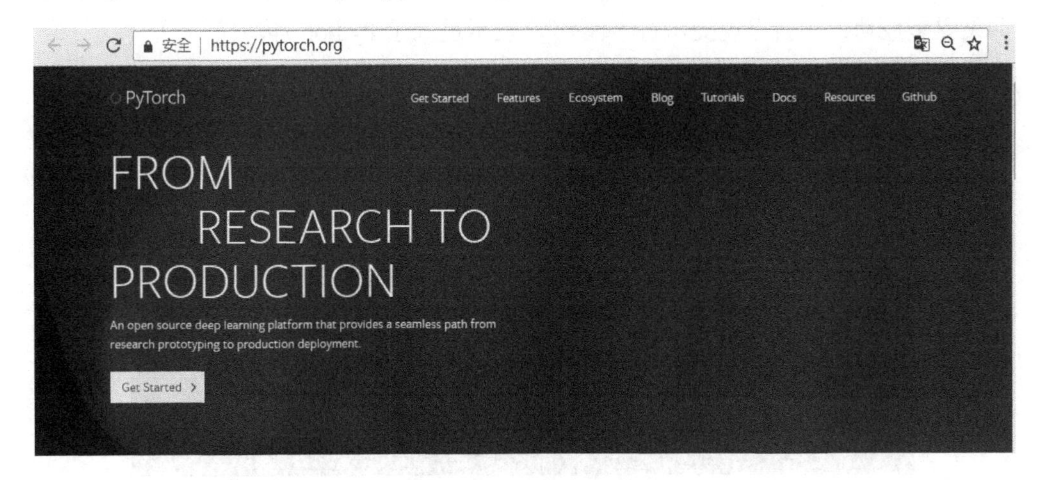

图 2.4　PyTorch 官方网站

单击“Get Started”按钮后进入 PyTorch 安装界面，如图 2.5 所示。这里介绍 pip 安装方式。图 2.5 中右侧区域为计算机系统及 CUDA 版本的选择，计算机的配置决定了“Run this Command”后面对应的安装命令，复制“Run this Command”后面对应的安装命令。

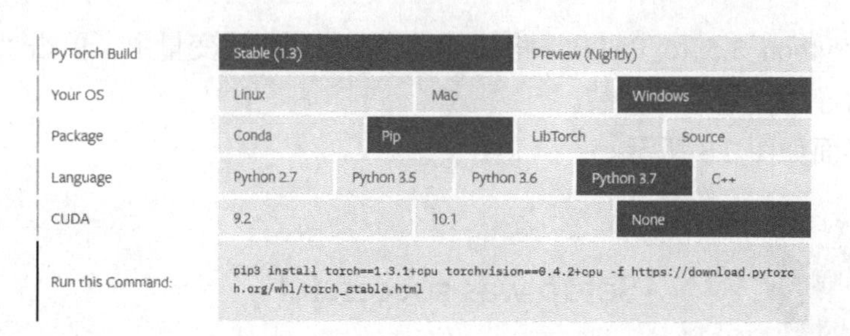

图 2.5 PyTorch 安装界面

打开 cmd 命令行窗口，粘贴刚刚复制的安装命令，然后按回车键。

```
pip3 install torch==1.3.1+cpu torchvision==0.4.2+cpu -f https://download.pytorch.org/whl/torch_stable.html
```

若出现图 2.6 所示的结果，则表示安装成功。

```
Installing collected packages: numpy, torch, pillow, six, torchvision
Successfully installed numpy-1.17.4 pillow-6.2.1 six-1.13.0 torch-1.3.1+cpu torchvision-0.4.2+cpu
```

图 2.6 PyTorch 安装成功

下一步为安装 torchvision。torchvision 是一个很重要的、功能强大的视觉工具包。torchvision 由流行的数据集（torchvision.datasets）、模型架构（torchvision.models）和用于计算机视觉的常用图像转换函数（torchvision.transforms）组成。

安装 torchvision 的方法是在 cmd 命令行窗口中输入如下命令：

```
pip3 install torchvision
```

然后检验 Python 是否安装成功，在 cmd 命令行窗口中输入：

```
python
```

如果安装成功，则会出现提示符“>>>”，表示进入了 Python 环境。

执行代码：

```
>>>import torch
>>> a=torch.FloatTensor(2,3)
>>> print(a)
```

若结果如图 2.7 所示，则说明 Windows 系统中的 PyTorch 环境搭建成功。

```
C:\Users\Administrator>python
Python 3.5.3 (v3.5.3:1880cb95a742, Jan 16 2017, 16:02:32) [MSC v.1900 64 bit (AMD64)] on win32
Type "help", "copyright", "credits" or "license" for more information.
>>> import torch
>>> a=torch.FloatTensor(2,3)
>>> print(a)
tensor([[0., 0., 0.],
        [0., 0., 0.]])
>>> a=torch.FloatTensor(2,3)
>>> print(a)
tensor([[0.0000e+00, 0.0000e+00, 8.4078e-45],
        [0.0000e+00, 1.4013e-45, 0.0000e+00]])
>>>
```

图 2.7 PyTorch 环境搭建成功

2.3 Linux 系统中 PyTorch 的配置

Linux 系统的版本有很多，本书在承诺永远开源的 Ubuntu 系统上安装 PyTorch。对于不想改变计算机上 Windows 系统的情况，本书介绍一款虚拟机软件 VMware Workstation Pro（以下简称 VMware）。VMware 是一款功能强大的虚拟机软件，使用户可在目前的操作系统上同时运行不同的操作系统，如 Ubuntu、Redhat、CenterOS 等，并能在其上开发、测试、部署新的应用程序。

2.3.1　安装虚拟机

下载并安装 VMware 后，启动 VMware，单击“创建新的虚拟机”按钮，如图 2.8 所示。

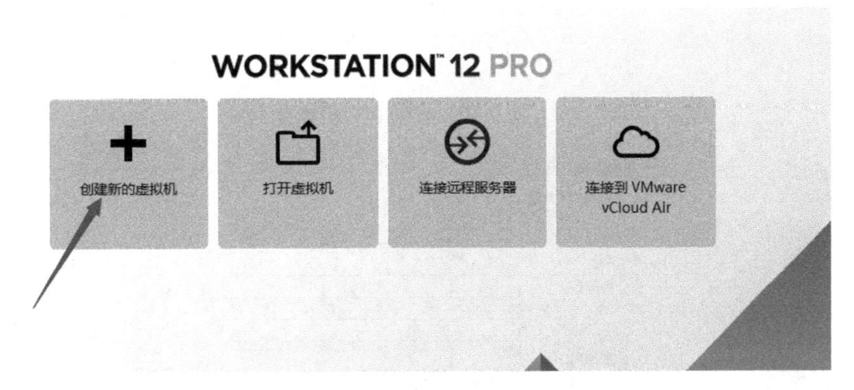

图 2.8　创建新的虚拟机

打开“新建虚拟机向导”对话框，选中“典型”单选按钮，如图 2.9 所示，单击“下一步”按钮。

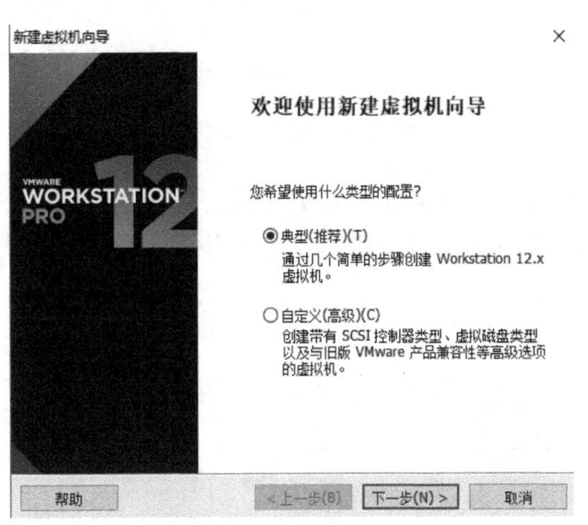

图 2.9　新建虚拟机向导

安装客户机操作系统，选中“安装程序光盘映像文件”单选按钮，如图 2.10 所示。单击“浏览”按钮，选择 ubuntu-16.04 ISO 镜像文件，单击“下一步”按钮。

在图 2.11 所示的对话框中输入个性化 Linux 的全名、用户名、密码、确认（密码），用户名将作为初始登录用户名，密码一定要牢记，单击“下一步”按钮。

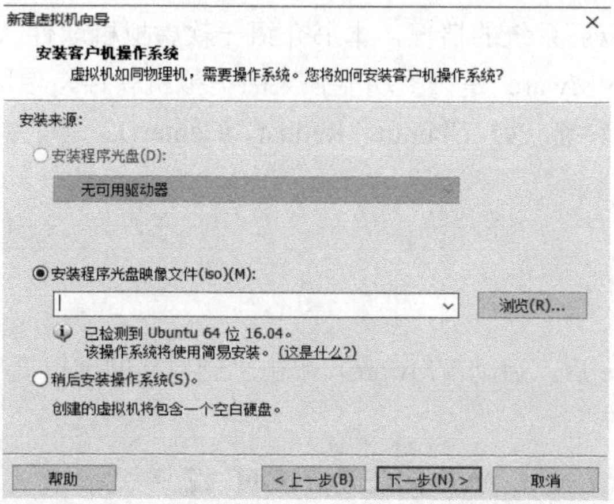

图 2.10　安装客户机操作系统

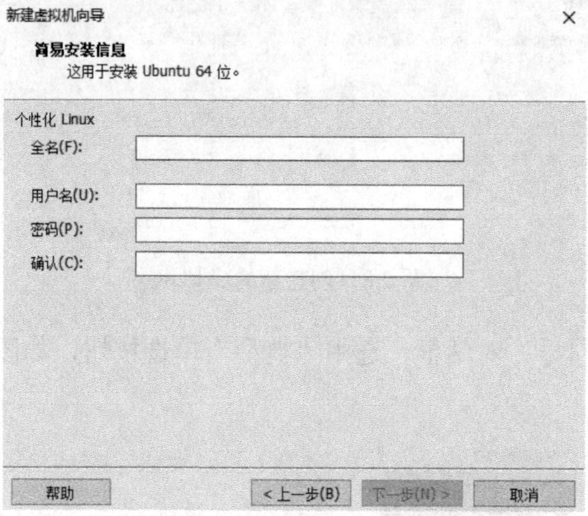

图 2.11　简易安装信息

命名虚拟机并选择虚拟机系统文件的存放位置，本书将虚拟机系统安装在 D 盘根目录下，如图 2.12 所示。此后的步骤均直接单击“下一步”按钮即可，最后开启虚拟机。

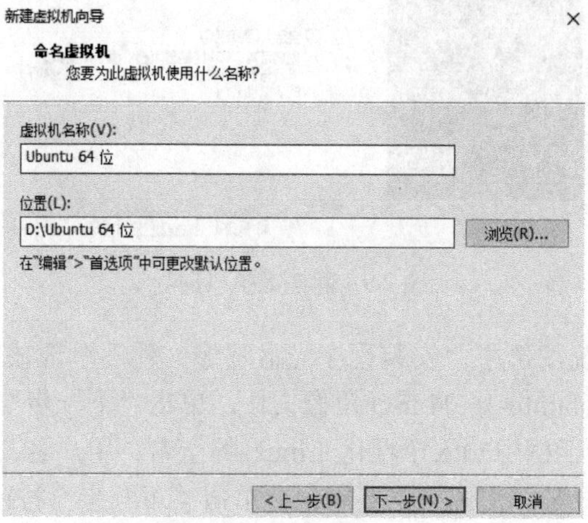

图 2.12　命名虚拟机

2.3.2　Python 环境配置

Ubuntu 16.04 自带 Python 2.7 和 Python 3.5 两个版本的 Python，一般情况下在终端（Terminal）输入“python”，默认打开的是 Python 2.7 版本。Python 2.x 和 Python 3.x 虽然语法结构有些类似，但是不能完全兼容。对于 Python 2.x，官方只支持到 2020 年，所以我们选择 Python 3.5 进行操作。指定默认打开 Python 3.5 的操作步骤如下。

进入 Ubuntu 16.04 系统，打开终端，依次输入以下三条命令：

```
sudo  cp/usr/bin/python/usr/bin/python_bak
sudo  rm /usr/bin/python
sudo  ln  -s/usr/bin/python3.5/usr/bin/python
```

上述命令执行成功后，在终端输入“python”，默认打开的就是 Python 3.5 版本了。

2.3.3　PyTorch 环境搭建

与 Windows 系统中的操作相同，首先登录 PyTorch 官方网站，进入 PyTorch 安装界面，然后复制“Run this Command”后面的命令。

复制后，在终端执行该命令：

```
pip3 install torch==1.3.1+cpu torchvision==0.4.2+cpu -f https://download.pytorch.org/whl/torch_stable.html
```

命令执行成功后，进入 Python 3.5 环境，测试 PyTorch 是否安装成功。在终端的提示符“>>>”下依次输入：

```
>>>Import  torch
>>>a=torch.FloatTensor(2,3)
>>>print(a)
```

如果显示结果如图 2.13 所示，表示测试代码运行成功，PyTorch 环境搭建成功。

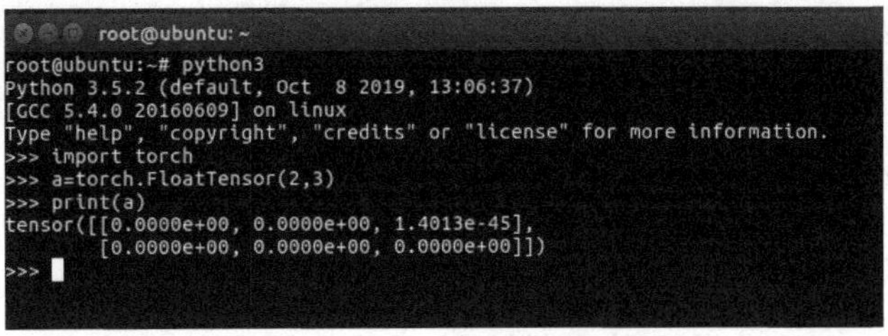

```
root@ubuntu: ~
root@ubuntu:~# python3
Python 3.5.2 (default, Oct  8 2019, 13:06:37)
[GCC 5.4.0 20160609] on linux
Type "help", "copyright", "credits" or "license" for more information.
>>> import torch
>>> a=torch.FloatTensor(2,3)
>>> print(a)
tensor([[0.0000e+00, 0.0000e+00, 1.4013e-45],
        [0.0000e+00, 0.0000e+00, 0.0000e+00]])
>>>
```

图 2.13　PyTorch 环境搭建成功

此外，PyTorch 还有其他的安装方式，如 conda（先安装 Anaconda）方式、source 方式，感兴趣的读者可以自行练习。

> Anaconda是一个开源的Python包管理器，其中包含了conda、Python等180多个科学包及其依赖项。安装了Anaconda就可以在不同的Python环境（如Python 2.7、Python 3.5）之间方便地切换，还可以直接拥有很多开发包。

2.4 PyTorch 开发工具

在 PyTorch 环境搭建成功后，需要一个集成开发环境（Integrated Development Environment，IDE）方便我们开发程序。集成开发环境一般包括代码编辑器、编译器、调试器和图形用户界面等。

2.4.1 IDLE

IDLE 是开发 Python 程序的基本 IDE，具备基本 IDE 的功能，是非商业 Python 开发的不错选择。安装好 Python 后，IDLE 就自动安装好了，不需要额外安装。可以在“开始”菜单下的“Python 3.5”文件夹下看到 IDLE 选项，如图 2.14 所示。

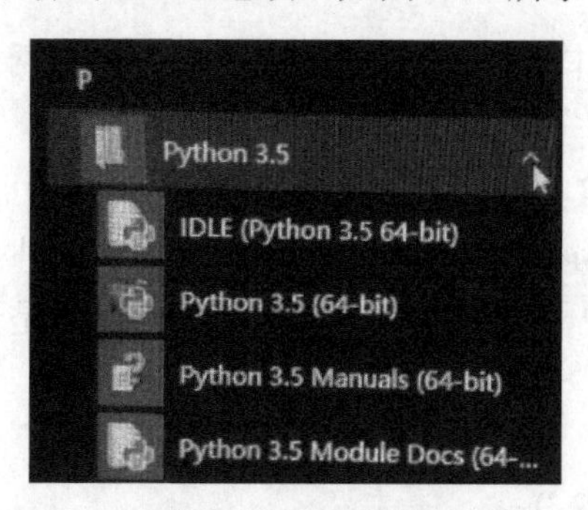

图 2.14 IDLE 选项

单击该选项即可打开 IDLE，IDLE 界面如图 2.15 所示。

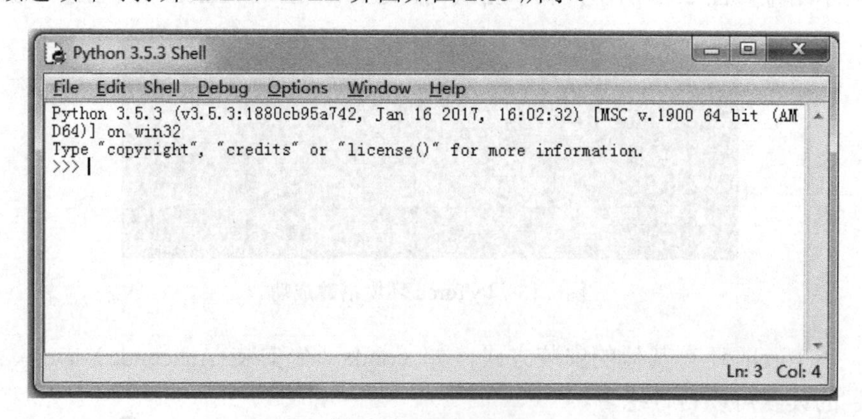

图 2.15 IDLE 界面

打开 IDLE 后会出现一个增强的交互命令行解释器窗口（具有比基本的交互命令提示符更好的剪切/粘贴、换行等功能）。另外，还有针对 Python 的编辑器（具有语法标签高亮和代码自动完成功能）、类浏览器和调试器。IDLE 的调试器可提供断点、步进和变量监视功能。

单击 IDLE 菜单栏中的“File”—“New File”选项，如图 2.16 所示，可以新建一个文件，在新建文件中可以编写代码，如图 2.17 所示。

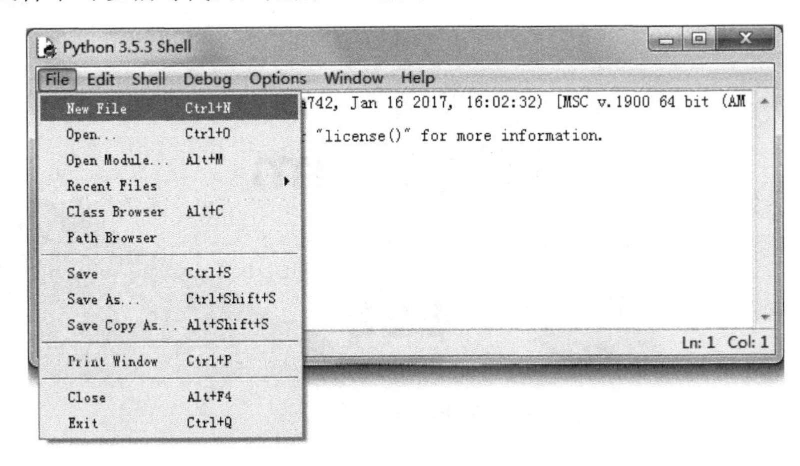

图 2.16　新建文件

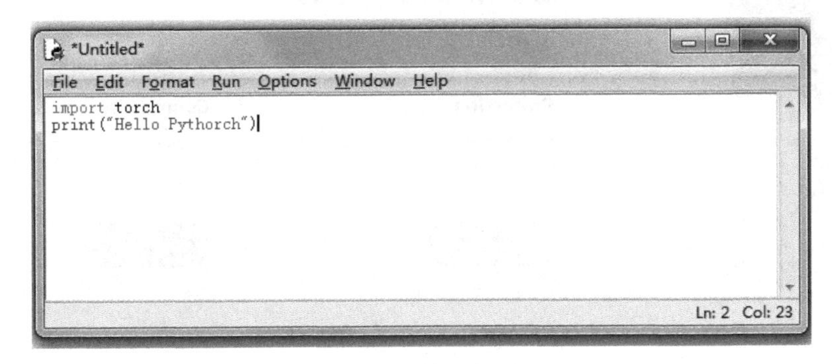

图 2.17　编写代码

2.4.2　PyCharm

PyCharm 是一种功能强大的 PyTorch 开发工具。PyCharm 有一整套能帮助用户提高 Python 开发效率的功能，如调试、语法高亮、Project 管理、代码跳转、智能提示、自动完成、单元测试、版本控制等。此外，该 IDE 还提供了一些高级功能，用于支持 Django 框架下的专业 Web 开发。

PyCharm 可以从其官方网站（https://www.jetbrains.com/pycharm/）上下载，如图 2.18 所示。

PyCharm 支持 Windows、Linux、Mac 操作系统，有 Professional 版（专业版）和 Community 版（社区版）两个版本。本书推荐安装社区版，社区版是可以免费使用的。

下面介绍 Windows 系统中 PyCharm 的安装步骤。

单击图 2.18 中的“DOWNLOAD”按钮，进入 PyCharm 下载界面，如图 2.19 所示

图 2.18 PyCharm 官方网站

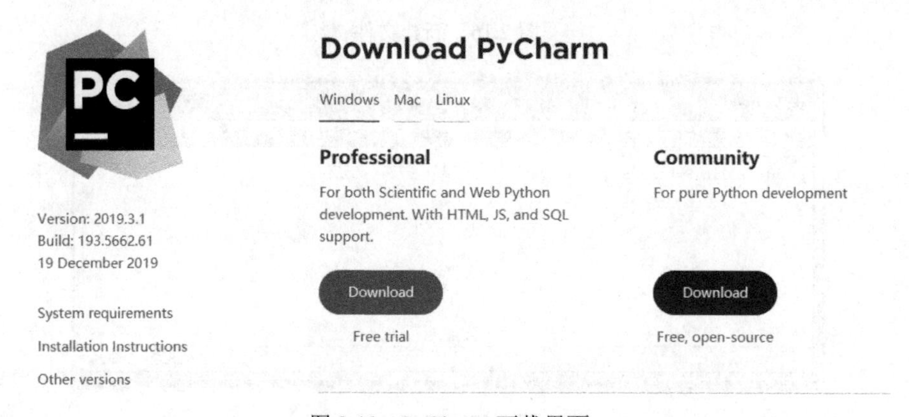

图 2.19 PyCharm 下载界面

单击 Community 下的“Download”按钮。下载后双击安装文件，进入 PyCharm 安装向导，如图 2.20 所示，单击“Next”按钮。

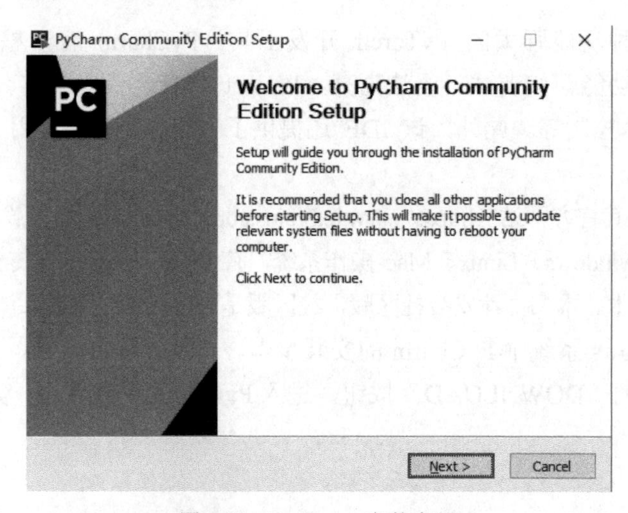

图 2.20 PyCharm 安装向导

选择安装路径，本书选择 D 盘，如图 2.21 所示，完成后单击“Next”按钮。

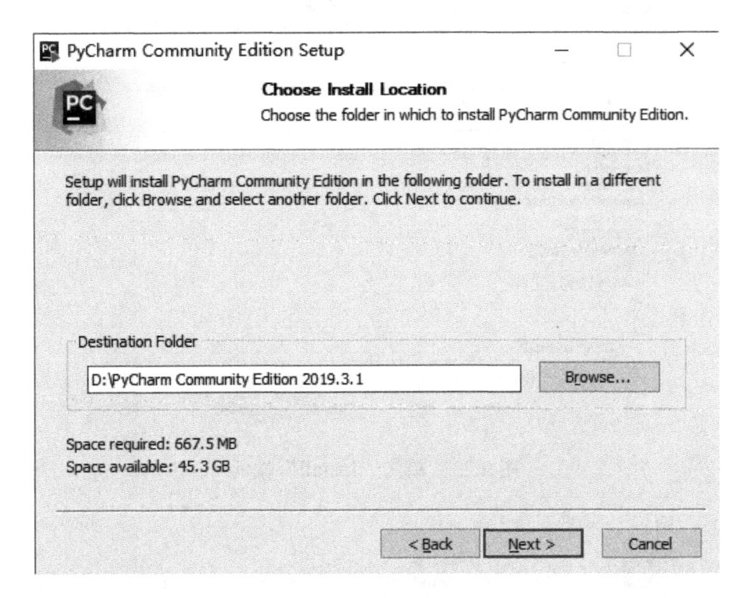

图 2.21　选择安装路径

在打开的界面中进行配置选择，勾选 Create Desktop Shortcut（创建桌面快捷方式）下的“64-bit launcher”和 Create Associations（创建关联）下的“.py”。最终配置如图 2.22 所示，完成后单击“Next”按钮。

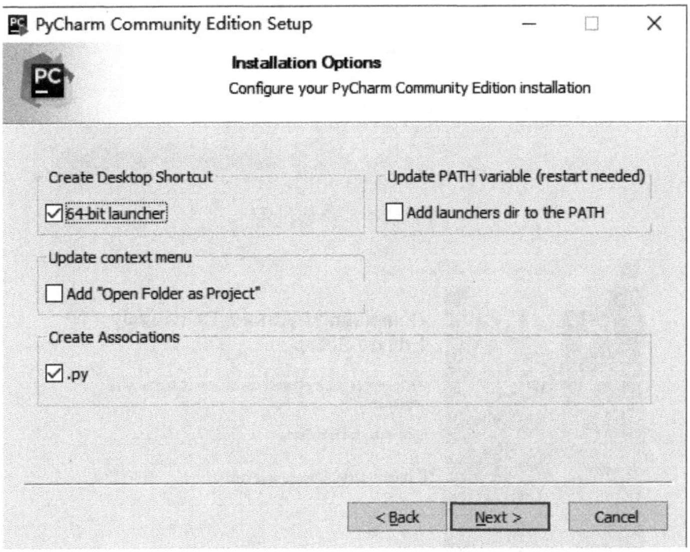

图 2.22　配置选择

在打开的界面中直接单击“Install”按钮，如图 2.23 所示。

开始安装，安装过程如图 2.24 所示，耐心等待几分钟。

安装完成界面如图 2.25 所示。

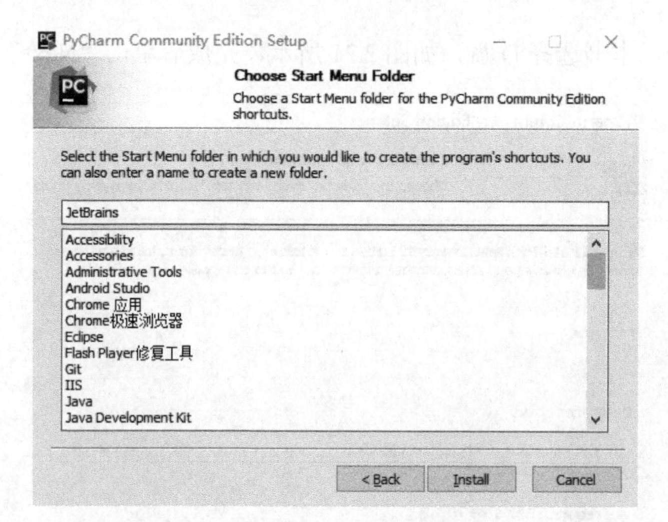

图 2.23 单击“Install”按钮

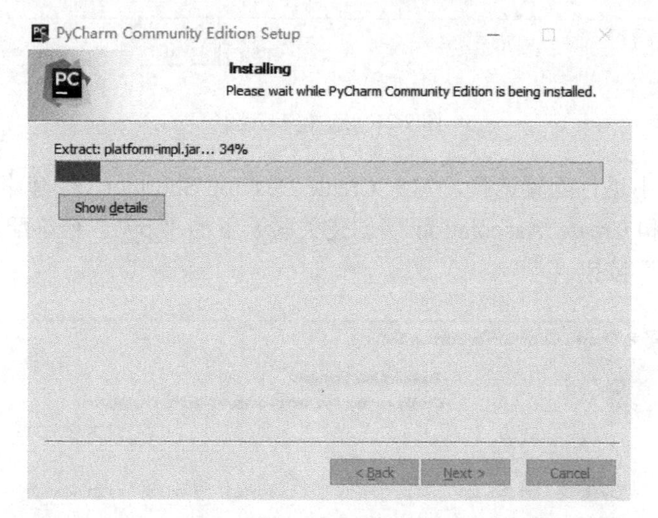

图 2.24 安装过程

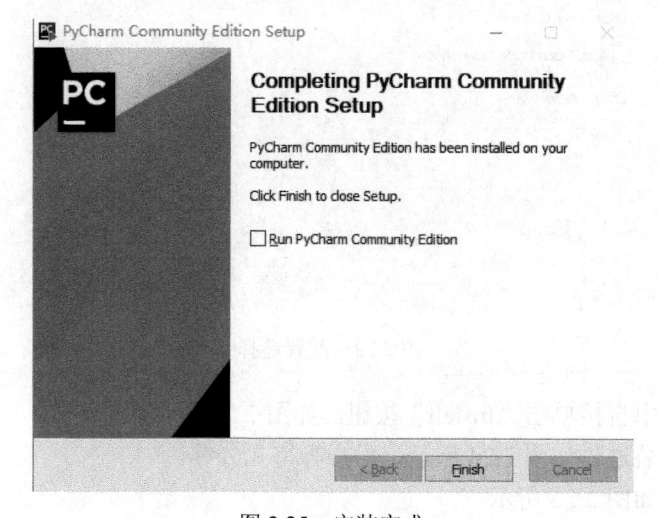

图 2.25 安装完成

安装完成后进入 PyCharm，单击“Create New Project”按钮，如图 2.26 所示。打开“New Project”对话框，如图 2.27 所示。

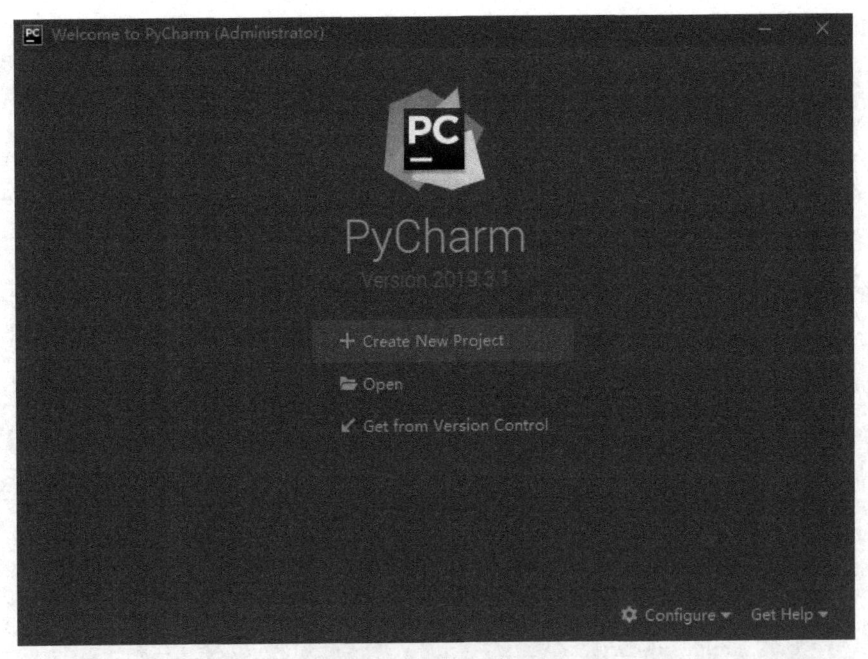

图 2.26　进入 PyCharm

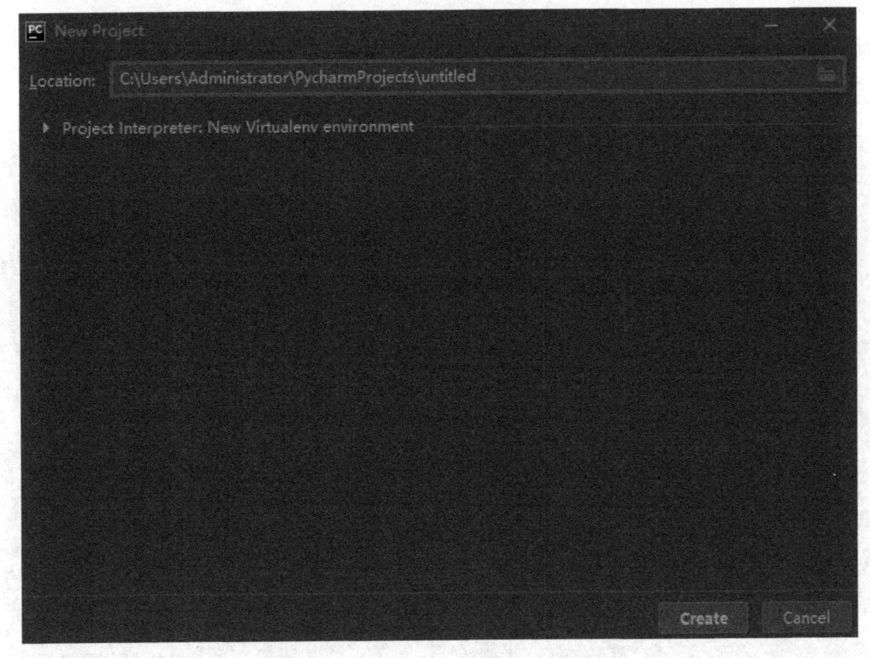

图 2.27　打开“New Project”对话框

在图 2.27 中，“Location”是存放项目的位置，选择的文件夹需要为空，否则无法新建项目；单击“Project Interpreter: New Virtualenv environment”前面的三角符号设置项目编译器，可以看到 PyCharm 已经自动获取了 Python 3.5，如图 2.28 所示，一定要勾选“Inherit global site-packages”和“Make available to all projects”这两个复选框，否则将无法引用 PyTorch，其余选项保持默认即可，最后单击“Create”按钮

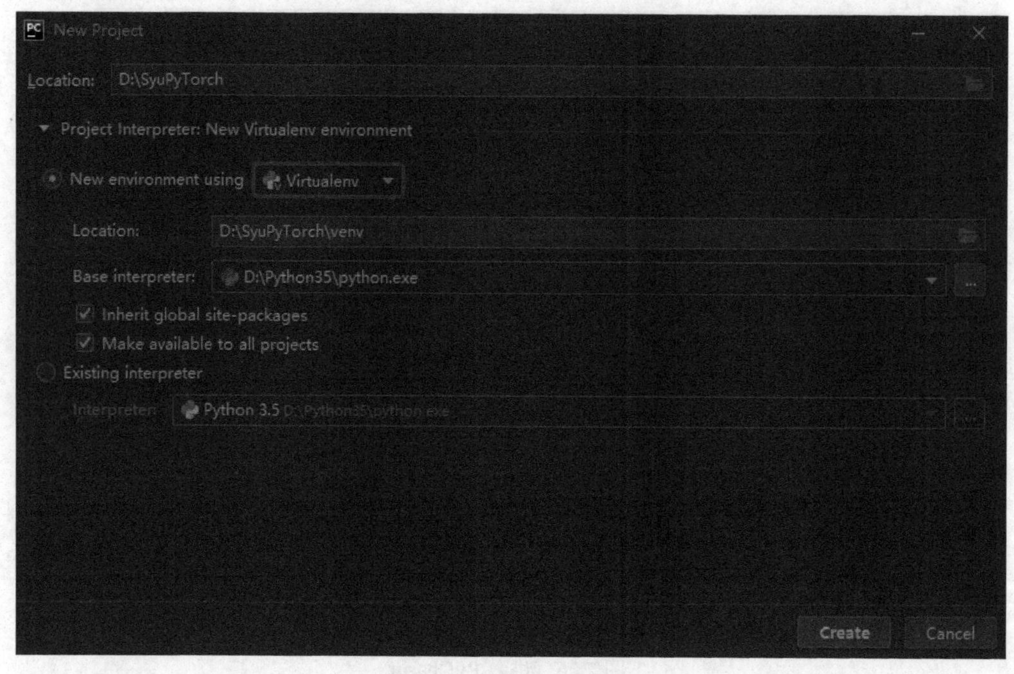

图 2.28 设置项目编译器

出现如图 2.29 所示的界面，这是 PyCharm 正在配置，等待即可。最后单击“Close”按钮关闭对话框。

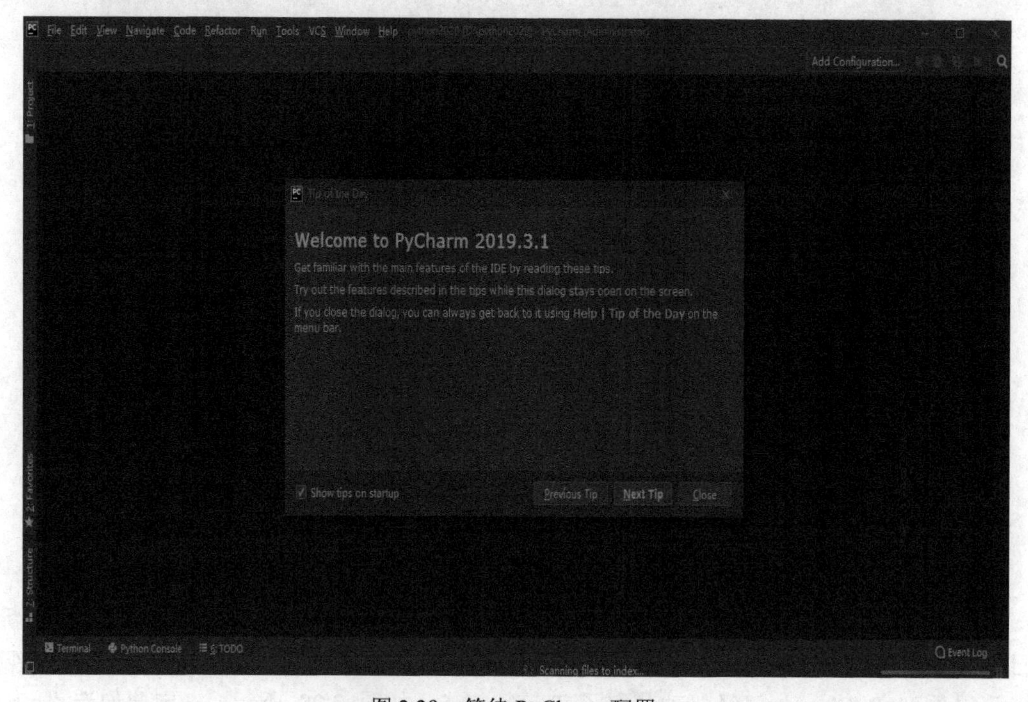

图 2.29 等待 PyCharm 配置

此时，我们已经新建了项目“SyuPyTorch”，如图 2.30 所示。

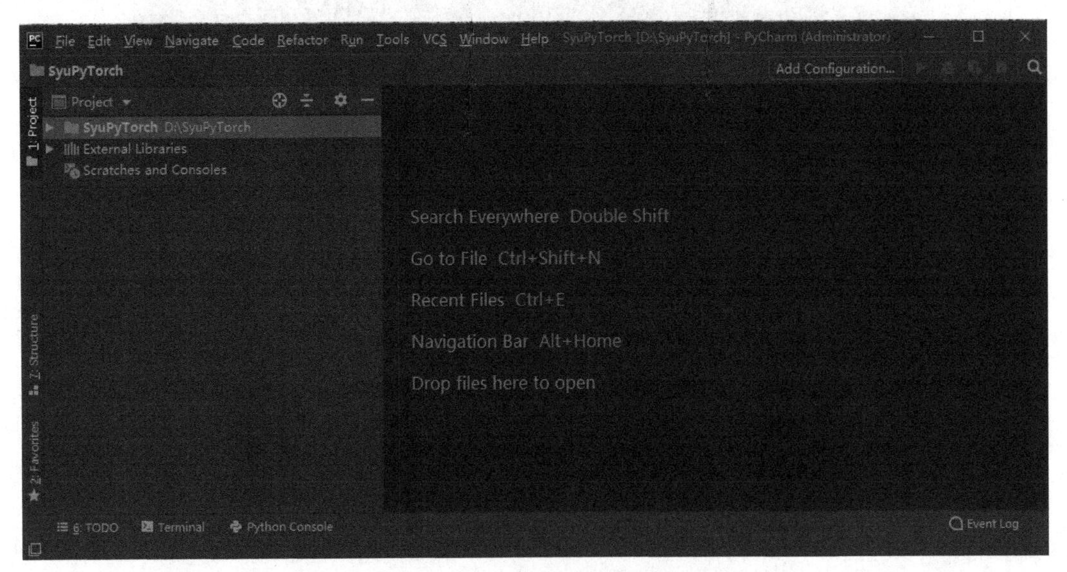

图 2.30　“SyuPyTorch”项目

在项目中新建 Python 文件，右键单击“SyuPyTorch”项目，单击“New”—“Python file”选项，将新建的 Python 文件命名为“pytorch_test”，如图 2.31 所示。

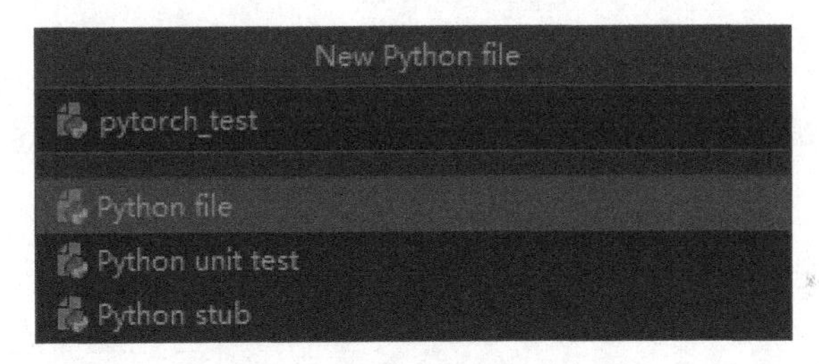

图 2.31　新建 Python 文件

打开新建的 pytorch_test.py 文件，如图 2.32 所示。至此，可以开始编写代码了。

图 2.32　打开 pytorch_test.py 文件

输入测试代码，如图 2.33 所示。注意要在安装 PyTorch 的基础上进行。

ols VCS Window Help SyuPyTorch [D:\SyuPyTorch] - ...\pytorch_test.py
pytorch_test
pytorch_test.py
import torch
a=torch.FloatTensor(2,3)
print(a)

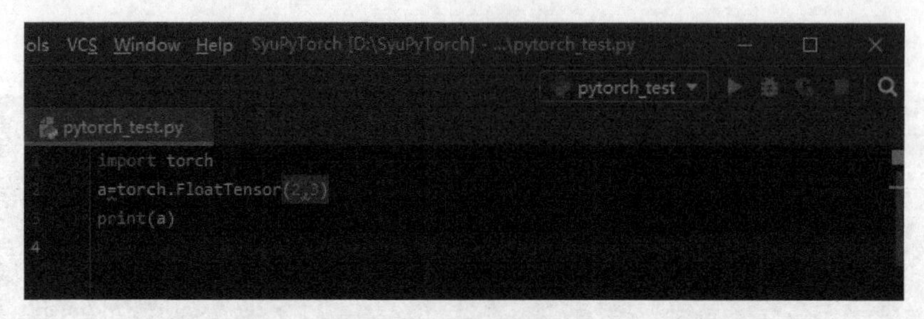

图 2.33 输入测试代码

按快捷键“Ctrl + Shift + F10”或者单击按钮（图标为绿色三角形）运行程序，运行结果如图 2.34 所示。

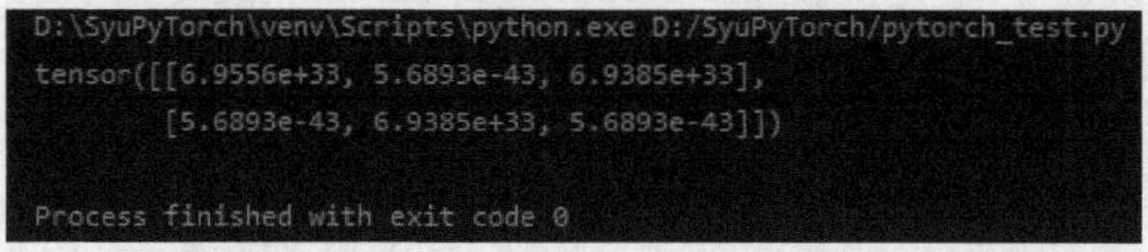

D:\SyuPyTorch\venv\Scripts\python.exe D:/SyuPyTorch/pytorch_test.py
tensor([[6.9556e+33, 5.6893e-43, 6.9385e+33],
[5.6893e-43, 6.9385e+33, 5.6893e-43]])
Process finished with exit code 0

图 2.34 运行结果

本章小结

通过本章的学习，读者已经掌握了如何在 Windows 系统和 Linux 系统中以 pip 方式安装 PyTorch，并且掌握了编写 PyTorch 程序常用的两个集成开发环境 IDLE 和 PyCharm。

习 题

1. 填空题

（1）torchvision 包由流行的____________、模型架构（torchvision.models）和用于计算机视觉的常用图像转换函数（torchvision.transforms）组成。

（2）安装 Python 后，从控制台进入 Python 环境的命令：____________。

（3）在 Python 环境下，要想使用 PyTorch 必须输入的命令：____________。

（4）Ubuntu 16.04 自带 Python 2.7 和 Python 3.5 两个版本的 Python，一般情况下在终端输入“python”，默认打开的是____________。

（5）PyCharm 有 Professional 版和 Community 版两种。Professional 是专业版，Community 是社区版，____________是免费的。

2. 选择题

（1）安装 PyTorch 之前必须安装（ ）。

A. Java　　B. Net　　C. VC++　　D. Python

（2）PyTorch 的前身是（　　）。

A. Java　　B. Lua　　C. Torch　　D. Python

（3）PyTorch 是（　　）发布的。

A. Facebook 人工智能研究院　　B. 百度人工智能研究院

C. 微软人工智能研究院　　D. 华为人工智能研究院

（4）PyTorch 不可以安装在（　　）中。

A. Windows 系统　　B. Mac 系统　　C. Linux 系统　　D. Vxworks 系统

（5）安装 torchvision 的命令是（　　）。

A. python torchvision　　B. install torchvision

C. pip3 install torchvision　　D. python install torchvision

3．简答题

（1）简述 PyTorch 的特点。

（2）简述在 Windows 系统中安装 PyTorch 的步骤。

实　　验

1. 在 Windows 系统中安装 PyTorch。
2. 在 Linux 系统中安装 PyTorch。

第 3 章　PyTorch 基础

导读

在开始用 PyTorch 实现深度学习之前，首先需要掌握 PyTorch 的操作对象是什么，它是如何进行变量定义、赋值等操作的，它可以做哪些运算，它如何自动求导，以及它的数据处理方法。

3.1　Tensor 的定义

PyTorch 最基本的操作对象是张量，张量的英文是 Tensor，表示一个多维的矩阵。张量的维数常被描述为阶，如一阶张量、二阶张量。零阶张量就是一个标量，一阶张量就是一个矢量，二阶张量就是一般的矩阵（二维），多阶张量就相当于多维的矩阵数组。图 3.1 形象地描述了零阶—三阶张量。

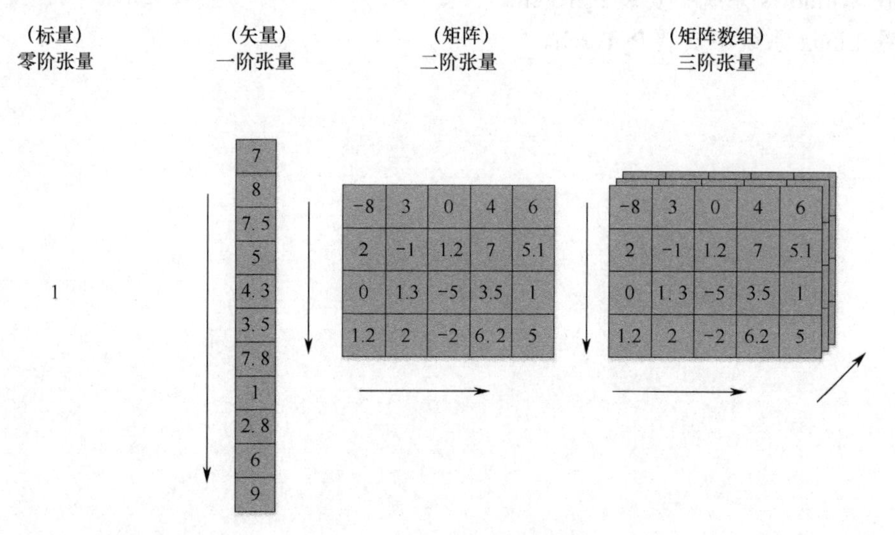

图 3.1　零阶—三阶张量

张量的三个基本属性如下。

（1）阶（rank）：维数。

（2）形状（shape）：行和列的数目。

（3）类型（type）：元素的数据类型。

现在将三阶张量用一个正方体来表示，如图 3.2 所示。

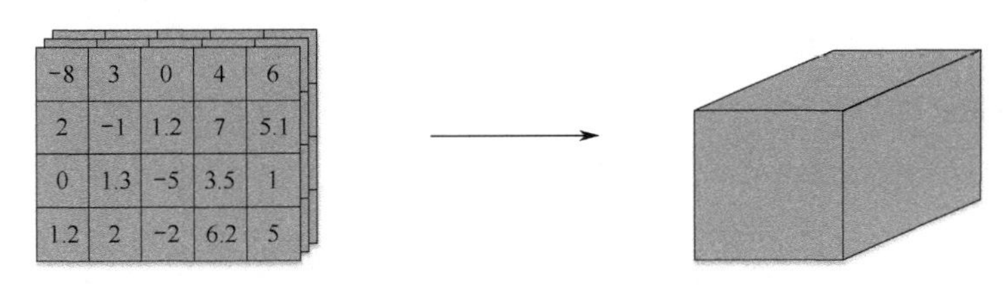

图 3.2　三阶张量

这样可以进一步生成更高阶的张量，四阶张量、五阶张量如图 3.3 所示。

图 3.3　四阶张量、五阶张量

张量常用的数据类型如表 3.1 所示，包括整型和浮点型。

表 3.1　张量常用的数据类型

数 据 类 型	含　　义
torch.FloatTensor	32 位浮点型（默认类型）
torch.DoubleTensor	64 位浮点型
torch.ShortTensor	16 位整型
torch.IntTensor	32 位整型
torch.LongTensor	64 位整型

3.2　Tensor 的创建

在 PyTorch 中，创建 Tensor 的方法有很多，例如：用指定值创建 Tensor；创建时仅指定 Tensor 的形状；依据另外一个 Tensor 的形状创建 Tensor 等。

1. 用指定值创建 Tensor

【例 3.1】 假设要创建一个 32 位浮点型的 Tensor，其值是矩阵[[1,2],[3,4],[5,6]]。

只要用到torch就要在开始程序输入前，输入import torch。
有时可以在导入torch的同时，将其简写成t，语句如下：

```
import torch as t
```

输入：

```
import torch
a = torch.FloatTensor([[1,2],[3,4],[5,6]])
print(a)
```

输出：

```
tensor([[1., 2.],
        [3., 4.],
        [5., 6.]])
```

【例 3.2】用 size( )函数或 shape 属性查看 Tensor 的尺寸；用 dtype 属性查看它的数据类型；用 numel( )函数查看它的元素个数。

输入：

```
import torch as t
b=t.Tensor( [[1,2],[3,4],[5,6]] )
print(b)
print("b.size( ):",b.size( ))
print("b.shape:",b.shape)
print("b.dtype:",b.dtype)
print("b.numel( ):",b.numel( ))
```

输出：

```
tensor([[1., 2.],
        [3., 4.],
        [5., 6.]])
b.size( ): torch.Size([3, 2])
b.shape: torch.Size([3, 2])
b.dtype: torch.float32
b.numel( ): 6
```

可以看出：

（1）size( )函数与 shape 属性具有相同的功能。

（2）不指定数据类型时，Tensor 默认的数据类型是 32 位浮点型（torch.FloatTensor）。

2. 创建时仅指定 Tensor 的形状

【例 3.3】可以在创建时为 Tensor 直接赋值，也可以先创建一个未赋值的空 Tensor。

输入：

```
import torch as t
c = t.Tensor(3,2)
print(c)
```

输出：

```
tensor([[7.5338e+28, 6.1687e+16],
        [6.3369e-10, 2.5038e-12],
        [4.0058e-11, 4.1729e-08]])
```

系统不会马上给这个 Tensor 分配空间，使用时才会分配，分配空间的大小取决于内存空间的状态。

3. 依据另外一个 Tensor 的形状创建 Tensor

【例 3.4】 创建一个和给定的 Tensor 形状一样的新 Tensor。

输入：

```
import torch as t
d = t.Tensor(3,2)
e = t.Tensor(d.size( ))
print(e)
```

输出：

```
tensor([[0.0000e+00, 0.0000e+00],
        [2.1019e-44, 0.0000e+00],
        [7.3908e+22, 1.4764e-41]])
```

4. 其他常用的创建 Tensor 的方法

其他常用的创建 Tensor 的方法如下。

（1）torch.empty(size)：返回形状为 size 的空 Tensor。

（2）torch.zeros(size)：返回形状为 size、元素全部是 0 的 Tensor。

（3）torch.zeros_like(input)：返回与 input 相同形状的、元素全部是 0 的 Tensor。

（4）torch.ones(size)：返回形状为 size、元素全部是 1 的 Tensor。

（5）torch.ones_like(input)：返回与 input 相同形状的、元素全部是 1 的 Tensor。

（6）torch.rand(size)：返回形状为 size、元素为一组在[0,1)内满足均匀分布的随机数的 Tensor。

（7）torch.randn(size)：返回形状为 size、元素为一组满足标准正态分布（均值为 0，方差为 1）的随机数的 Tensor。

3.3 Tensor 的形状调整

下面通过两个实例学习 Tensor 的形状调整。

【例 3.5】 创建一个二阶张量，长度为 6，元素为[0,1,2,3,4,5]，使用 torch.view( )函数将其调整成形状为 2×3 的 Tensor。

输入：

```
import torch as t
a = t.arange(0,6)
print(a)
b = a.view(2,3)
print(b)
```

输出：

```
tensor([0, 1, 2, 3, 4, 5])
tensor([[0, 1, 2],
        [3, 4, 5]])
```

【例 3.6】 torch.resize_( )函数是另一种用来调整 Tensor 形状的方法，但与 torch.view( )不同，它可以修改 Tensor 的尺寸。如果新尺寸超过原尺寸，则它会为 Tensor 自动分配新的内存空间，而如果新尺寸小于原尺寸，则原有的数据依旧会被保存。

输入：

```
import torch as t
a = t.arange(0,6)
print("a = ",a)
b = a.view(2,3)
b.resize_(1,3)
print("b = ",b)
b.resize_(3,3)
print("b = ",b)
```

输出：

```
a = tensor([0, 1, 2, 3, 4, 5])
b = tensor([[0, 1, 2]])
b = tensor([[                   0,                   1,                   2],
        [                   3,                   4,                   5],
        [7305808869231632485, 8391086215162044460, 7381223203414307439]])
```

3.4 Tensor 的简单运算

下面通过一个实例学习 Tensor 的简单运算。

【例 3.7】 对 Tensor 进行加、减、乘、除、求幂、求绝对值等简单运算。

输入：

```
import torch as t
a = t.Tensor([[1,2],[3,4]])
b = t.Tensor([[10,20],[30,40]])
c = t.add(a,b)          #加法
d = t.sub(a,b)          #减法
e = t.mul(a,b)          #乘法
f = t.div(a,b)          #除法
g = t.pow(b,2)          #求幂
h = t.abs(d)            #求绝对值
print("a = ",a)
```

```
print("b = ",b)
print("c = ",c)
print("d = ",d)
print("e = ",e)
print("f = ",f)
print("g = ",g)
print("h = ",h)
```

输出：

```
a = tensor([[1., 2.],
            [3., 4.]])
b = tensor([[10., 20.],
            [30., 40.]])
c = tensor([[11., 22.],
            [33., 44.]])
d = tensor([[ -9., -18.],
            [-27., -36.]])
e = tensor([[ 10.,   40.],
            [ 90., 160.]])
f = tensor([[0.1000, 0.1000],
            [0.1000, 0.1000]])
g = tensor([[ 100.,   400.],
            [ 900., 1600.]])
h = tensor([[ 9., 18.],
            [27., 36.]])
```

3.5　Tensor 的比较

Tensor 常用的比较函数有很多，如 torch.equal( )、torch.eq( )、torch.gt( )、torch.lt( )、torch.ge( )、torch.le( )、torch.ne( )、torch.topk( )、torch.sort( )等，这里简单介绍其中几个，其他函数读者可查阅相关资料自行学习。

1．torch.equal( )函数

格式：torch.equal(tensor1, tensor2, out=None)

说明：若两个 Tensor 具有相同的形状和元素，则返回 True，否则返回 False。

参数：

tensor1：用于比较的张量 1。

tensor2：用于比较的张量 2。

out（可选的）：输出张量。

【例 3.8】torch.equal( )函数的使用。

输入：

```
import torch as t
a = t.Tensor([[1, 2],[3, 4]])
b = t.Tensor([[1, 2],[2, 3]])
result = t.equal(a,b)
print(result)
```

输出：

```
False
```

2．torch.gt( )函数

格式：torch.gt(input, other, out=None)

说明：逐元素比较 input 和 other，若相等，则返回 True，否则返回 False。

参数：

input：用于比较的张量 1。

other：用于比较的张量 2 或浮点数（32 位）。

out（可选）：输出张量。

【例 3.9】torch.gt( )函数的使用。

输入：

```
import torch as t
a = t.Tensor([[1, 2],[3, 4]])
b = t.Tensor([[1, 2],[2, 3]])
result = t.gt(a,b)
print(result)
print(result)
```

输出：

```
tensor([[False, False],
        [True, True]])
```

3.6 Tensor 的数理统计

对 Tensor 进行求最小值、求最大值、求均值，以及进行累加、累积等操作时，常用的函数有 torch.min( )、torch.max( )、torch.mean( )、torch.sum( )、torch.prod( )等。下面介绍 torch.max( )和 torch.mean( )两个函数，其他函数读者可查阅相关资料自行学习。

1．torch.max( )函数

格式：torch.max(input)

说明：返回 input 中所有元素的最大值。

参数：input 表示输入张量。

【例 3.10】torch.max( )函数的使用。

输入：

```
import torch as t
a = t.Tensor([1,2,3])
max = t.max(a)
print("max =",max)
```

输出：

```
max= tensor(3.)
```

2．torch.mean( )函数

格式：torch.mean(input)

说明：返回 input 中所有元素的均值。

参数：input 表示输入张量。

【例 3.11】torch.mean( )函数的使用。

输入：

```
import torch as t
a = t.Tensor([1,4])
mean = t.mean(a)
print("a =",a)
print("mean =",mean)
```

输出：

```
a = tensor([1., 4.])
mean = tensor(2.5000)
```

3.7　Tensor 与 NumPy 的互相转换

NumPy（Numerical Python）是 Python 语言的一个扩展程序库，支持数组与矩阵运算，还针对数组运算提供了大量的数学函数库。它提供了一个多维数组（Ndarray）数据类型及关于多维数组的很多操作，NumPy 已经成为其他大数据和机器学习模块的基础。Tensor 类似于 NumPy 中的 Ndarray，但 Ndarray 不支持 GPU 运算，而 Tensor 支持。Tensor 与 NumPy 之间可以方便地进行互相转换。

1．Tensor->NumPy

torch.numpy( )函数可实现 Tensor->NumPy 的转换。注意，转换后 NumPy 和原来的 Tensor 会公用底层的内存地址，如果原来的 Tensor 改变了，那么 NumPy 也会随之改变。

【例 3.12】torch.numpy( )函数的使用。

输入：

```
import torch as t
```

```
a = t.ones(3)
b = a.numpy( )
print("a = ",a)
print("b = ",b)
```

输出：

```
a = tensor([1., 1., 1.])
b = [1. 1. 1.]
```

2. NumPy->Tensor

torch.from_numpy( )函数可实现 NumPy->Tensor 的转换。

【例 3.13】 torch.from_numpy( )函数的使用。

输入：

```
import numpy as np
import torch as t
a = np.ones(5)
b = t.from_numpy(a)
print("a = ",a)
print("b = ",b)
```

输出：

```
a = [1. 1. 1. 1. 1.]
b = tensor([1., 1., 1., 1., 1.], dtype=torch.float64)
```

3.8 Tensor 的降维和增维

关于 Tensor 维数的操作有很多，如降维 torch.squeeze( )、增维 torch.unsqueeze( )、拼接 torch.cat( )、扩大 torch.expand( )、缩小 torch.narrow( )等。下面举例介绍 Tensor 的降维和增维操作。

1. torch.squeeze( )函数

格式：torch.squeeze(input, dim=None, out=None)

说明：删除 input 中数值为 1 的元素，并输出新的张量。如果 input 的形状为（A×1×B×C×1×D），那么输出张量的形状为（A×B×C×D）。

参数：

input：输入张量。

dim（可选）：32 位整型，如果给定，则只会在给定维度上进行降维；如果 input 的形状为（A×1×B），执行 torch.squeeze(input, 0)会保持张量的维数不变，只有在执行 torch.squeeze(input, 1)时，input 的形状才会被压缩为（A×B）。

out（可选）：输出张量。

注意：如果 Tensor 为一阶张量，那么它不会受到上述方法的影响。输出的张量与原张量共享内存，如果改变其中一个，另一个也会改变。

【例 3.14】 torch.squeeze( )函数的使用。

输入：

```
import torch as t
x = t.zeros(2, 1, 2, 1, 2)
print(x.size( ))
y = t.squeeze(x)
print(y.size( ))
y = t.squeeze(x, 0)
print(y.size( ))
y = t.squeeze(x, 1)
print(y.size( ))
```

输出：

```
torch.Size([2, 1, 2, 1, 2])
torch.Size([2, 2, 2])
torch.Size([2, 1, 2, 1, 2])
torch.Size([2, 2, 1, 2])
```

unsqueeze( )函数的格式与 squeeze( )函数类似，读者可查阅相关资料自行学习。

【例 3.15】 torch.unsqueeze( )函数和 torch.squeeze( )函数的使用。

输入：

```
import torch as t
a = t.arange(0,6).view(2,3)
b = a.unsqueeze(1)
c = a.view(1,2,3)
d = c.squeeze( )
print("a = ",a)
print("b = ",b)
print("c = ",c)
print("d = ",d)
```

输出：

```
a = tensor([[0, 1, 2],
           [3, 4, 5]])
b = tensor([[[0, 1, 2]],
           [[3, 4, 5]]])
c = tensor([[[0, 1, 2],
            [3, 4, 5]]])
d = tensor([[0, 1, 2],
           [3, 4, 5]])
```

3.9 Tensor 的裁剪

torch.clamp( )函数用于对 Tensor 中的元素进行范围过滤，将不符合条件的元素变换到范围内部（边界上），常用于梯度裁剪（Gradient Clipping），即在发生梯度消失或者梯度爆炸时对梯度进行处理。

格式：torch.clamp(input, min, max, out=None)

说明：如果 input < min，返回 min；如果 min < input < max，返回 input；如果 input > max，返回 max。

参数：

input：输入张量。

min、max：限制范围下限、限制范围上限。

out（可选）：输出张量。

【例 3.16】 torch.clamp( )函数的使用。

输入：

```
import torch as t
a = t.arange(0,6).view(2,3)
b = t.clamp(a,3)   #a 中每个元素都与 3 相比，取较大的一个
c = t.clamp(a,2,5) #最小是 2，小于 2 的元素都变成 2；最大是 5，大于 5 的元素都变成 5
print("a = ",a)
print("b = ",b)
print("c = ",c)
```

输出：

```
a = tensor([[0, 1, 2],
        [3, 4, 5]])
b = tensor([[3, 3, 3],
        [3, 4, 5]])
c = tensor([[2, 2, 2],
        [3, 4, 5]])
```

3.10 Tensor 的索引

Tensor 支持与 NumPy 的 Ndarray 对象类似的索引操作，下面通过几个例子讲解常用的索引操作。如无特殊说明，索引结果与原 Tensor 共享内存，即修改其中一个，另一个也会随之改变。

【例 3.17】Tensor 的索引操作。

输入：

```
import torch as t
a = t.arange(0,6).view(2,3)
print("a = ",a)
print("a[] = ",a[0])
print("a[:,0] = ",a[:,0])
print("a[:2] = ",a[:1])
print("a[:2,:2] = ",a[:1,:1])
```

输出：

```
a = tensor([[0, 1, 2],
            [3, 4, 5]])
a[] = tensor([0, 1, 2])
a[:,0] = tensor([0, 3])
a[:2] = tensor([[0, 1, 2]])
a[:2,:2] = tensor([[0]])
```

Tensor 还支持高级索引，高级索引可视为是低级索引的扩展，但是高级索引操作的结果一般不和原 Tensor 共享内存。

【例 3.18】Tensor 的高级索引。

输入：

```
import torch as t
a = t.arange(0,27).view(3,3,3)
b = a[[1,2],[1,2],[2,0]]          #相当于 a[1,1,2]和 a[2,2,0]
c = a[[2,1,0],[0],[1]]            #相当于 a[2,0,1],a[1,0,1],a[0,0,1]
d = a[[0,2],...]                  #相当于 a[0]和 a[2]
print("a = ",a)
print("b = ",b)
print("c = ",c)
print("d = ",d)
```

输出：

```
a = tensor([[[ 0, 1, 2],
             [ 3, 4, 5],
             [ 6, 7, 8]],
            [[ 9, 10, 11],
             [12, 13, 14],
             [15, 16, 17]],
            [[18, 19, 20],
             [21, 22, 23],
             [24, 25, 26]]])
b = tensor([14, 24])
```

```
c = tensor([19, 10, 1])
d = tensor([[[ 0, 1, 2],
           [ 3, 4, 5],
           [ 6, 7, 8]],
          [[18, 19, 20],
           [21, 22, 23],
           [24, 25, 26]]])
```

3.11 把 Tensor 移到 GPU 上

PyTorch 提供了一个 cuda( )函数，可将 Tensor 从 CPU 移到 GPU 上。下面给出一个例子，并通过矩阵乘法运算比较 CPU 和 GPU 的性能差异。

【例 3.19】 cuda( )函数的使用。

输入：

```
import torch as t
import time
a = torch.rand(10000,10000)
b = torch.rand(10000,10000)
start1 = time.time( )
a.matmul(b)                          #matmul 可以进行张量乘法，输入可以是高维
end1 = time.time( )-start1
print("CPU TIME = ", end1)           #在 CPU 上运行的时间

a = a.cuda( )
b = b.cuda( )
start2 = time.time( )
a.matmul(b)
end2 = time.time( )-start2
print("GPU TIME = ", end2)           #在 GPU 上运行的时间
```

输出：

```
CPU TIME = 2.5471
GPU TIME = 0.25
```

从例 3.19 可以看出，做同样的操作，CPU 耗时 2.5471s，GPU 耗时 0.25s，可见 GPU 大大缩短了计算时间。但读者也不要以为在所有情况下，GPU 的运算速度都会快于 CPU。因为 GPU 的优势只有在需要大量计算时才会体现出来，而对于一些简单操作，CPU 可能会更快。

关于 Tensor 的使用，本章内容远远不够，本章内容只能起到引导读者入门并初步理解 Tensor 操作的作用，读者要学会在应用到某方法时及时查阅 PyTorch 官方手册，边学变用。

英文版手册网址：https://pytorch.org/docs/stable/index.html。

中文版手册网址：https://github.com/zergtant/pytorch-handbook。

本章实验和后面的内容大多都需要读者自己查阅 PyTorch 官方手册，学习相关函数、工具的用法后完成。

本章小结

本章介绍了 Tensor 的定义、Tensor 的创建、Tensor 的形状调整、Tensor 的简单运算、Tensor 的比较、Tensor 的数理统计、Tensor 与 NumPy 的互相转换、Tensor 的降维和增维、Tensor 的裁剪、Tensor 的索引，最后介绍了如何把 Tensor 移到 GPU 上。

习　题

1．填空题

（1）PyTorch 的默认数据类型：____________。

（2）张量的阶就是张量的______、张量的形状就是张量的________、张量的类型是______________。

（3）用________查看 Tensor 的数据类型，用________查看元素个数。

（4）用________函数或_______可以查看 Tensor 的尺寸。

（5）NumPy 是 Python 语言的一个扩展程序库，支持数组与矩阵运算，此外也针对数组运算提供大量的数学函数库。Tensor 类似于 NumPy 的______。

2．选择题

（1）clamp(x,min,max)用于对 Tensor 中的元素进行范围过滤，将不符合条件的元素变换到范围内部（边界上），常用于（　　）。

A．梯度消失　　B．梯度裁剪　　C．梯度爆炸　　D．梯度退化

（2）二阶张量相当于一个（　　）。

A．矩阵　　B．多维矩阵　　C．点　　D．线

（3）以下是 64 位浮点型数据类型的是（　　）。

A. torch.LongTensor　　B. torch.IntTensor

C. torch.ShortTensor　　D. torch.FloatTensor

（4）能够调整张量形状的函数是（　　）。

A．torch.arange( )　　B．torch.view( )　　C．torch.ge( )　　D. torch.shape( )

（5）torch.cat( )函数的作用是（　　）。

A．张量拼接　　B．张量扩大　　C．增维　　D．张量缩小

3. 简答题

（1）写出张量的三个属性并解释。

（2）简述 NumPy。

实　验

1. 定义一个 64 位浮点型的 Tensor，其值是矩阵[[1,2],[3,4],[5,6]]，输出结果。

2. 创建张量。

（1）创建一个张量 a，元素全部是 1，尺寸为 2×3，并打印出来。

（2）创建一个张量 b，元素全部是 0，尺寸为 2×3，并打印出来。

（3）创建一个张量 c，对角线元素全部是 1，尺寸为 3×3，并打印出来。

（4）创建一个张量 d，元素为随机生成的浮点数，取值满足均值为 0、方差为 1 的正态分布，尺寸为 2×3，并打印出来。

（5）创建一个张量 e，长度为 5，元素随机排列，并打印出来。

（6）创建一个张量 f，元素从 1 开始到 7 结束，步长为 2，并打印出来。

3. 定义一个 16 位整型 Tensor，其值是矩阵[[1,2],[3,4],[5,6]]，输出结果。

4. 构造一个 3×2 的矩阵，不初始化，输出结果。

5. 构造一个 3×2 的随机初始化的矩阵，输出结果。

6. 构造一个矩阵，元素全为 0，数据类型是 64 位整型，输出结果。

7. 构造一个数据类型是 64 位整型的全 0 的 3×2 矩阵，输出结果。

8. 构造一个值为[1.5, 2]的张量，输出结果。

9. 根据给出的输入，得到输出并记录。

输入：

```
import torch as t
c = t.Tensor(3,2)
print(c)
```

10. 根据给出的输入，得到输出并记录。

输入：

```
import torch as t
d = t.Tensor(3,2)
e = t.Tensor(d.size( ))
print(e)
```

11. 以下每个函数都以 size = 2×3 为例，写出输入及输出。

（1）torch.empty(size)。

（2）torch.zeros(size)。

（3）torch.zeros_like(input)。

（4）torch.ones(size)。

（5）torch.ones_like(input)。

（6）torch.rand(size) 。

12. 创建一个二阶张量，长度为 8，元素为[0,1,2,3,4,5,6,7]，将其调整成形状为 2×4 的张量。

13. 有两个张量：

a = torch.Tensor([[2,2],[1,4]])

b = torch.Tensor([[3,5],[7,4]])

实现求 a 与 b 乘积的操作，并输出结果。

14. 有两个张量 a = [1, 2]，b = [3, 4]，比较两个张量的大小。

15. 求张量 a =([2,8])的均值。

16. 计算 Tensor[−1.2027, −1.7687, 0.4412, −1.3856]在 tan( )函数作用下的输出。

17. 写出以下程序的运行结果，并补充注释语句。

```
import torch
a = torch.arange(4.)
print(torch.reshape(a, (2, 2)))
b = torch.tensor([[0, 1], [2, 3]])
print( torch.reshape(b, (-1,)))   #
```

18. 写出以下程序的运行结果，并补充注释语句。

```
import torch
x = torch.randn(3, 4)
print(x)
mask = x.ge(0.5)
print(mask)
print(torch.masked_select(x, mask))   #
```

19. 写出以下程序的运行结果，并补充注释语句。

```
import torch
x = torch.randn(2, 3)
print( x)
print(torch.cat((x, x, x), 0))   #
```

20. 写出以下程序的运行结果，并补充注释语句。

```
import torch
print(torch.eye(3))   #
```

21. 写出以下程序的运行结果，并补充注释语句。

```
import torch
print(torch.range(1, 4))
print(torch.range(1, 4, 0.5))   #
```

22. 写出以下程序的运行结果，并补充注释语句。

```
import torch
```

```
a = torch.randn(4, 4)
print(a)
b = torch.randn(4)
print(b)
print(torch.div(a, b))   #
```

23. 写出以下程序的运行结果，并补充注释语句。

```
import torch
exp = torch.arange(1., 5.)
base = 2
print(torch.pow(base, exp))   #
```

24. 写出以下程序的运行结果，并补充注释语句。

```
import torch
a = torch.randn(4)
print(a)
print(torch.round(a))   #
```

25. 写出以下程序的运行结果，并补充注释语句。

```
import torch
a = torch.randn(4)
print(a)
print( torch.sigmoid(a))   #
```

26. 写出以下程序的运行结果，并补充注释语句。

```
import torch
a = torch.tensor([0.7, -1.2, 0., 2.3])
print(a)
print(torch.sign(a))   #
```

27. 写出以下程序的运行结果，并补充注释语句。

```
import torch
a = torch.randn(4)
print(a)
print(torch.sqrt(a))   #
```

28. 写出以下程序的运行结果，并补充注释语句。

```
import torch
a = torch.randn(1, 3)
print(a)
print(torch.sum(a))   #
```

29. 写出以下程序的运行结果，并补充注释语句。

```
import torch
a = torch.randn(4)
print(a)
```

```
b = torch.randn(4)
print(b)
print(torch.max(a, b))    #
```

30. 写出以下程序的输出。

输入：

```
import torch
a = torch.zeros(2, 1, 2, 1, 2)
print("a =",a)
print("a.size( ) =",a.size( ))
b = torch.squeeze(a)
print("b =",b)
print("b.size( ) =",b.size( ))
c = torch.squeeze(a, 0)
print("c =",c)
print("c.size( ) =",c.size( ))
d = torch.unsqueeze(c, 1)
print("d =",d)
print("d.size( ) =",d.size( ))
```

31. 查资料，说明 torch.mul( )和 torch.mm( )的区别，并写出以下程序的输出。

输入：

```
import torch
a = torch.rand(1, 2)
b = torch.rand(1, 2)
c = torch.rand(2, 3)
print(torch.mul(a, b))
print(torch.mm(a, c))
print(torch.mul(a, c))
```

第 4 章　线性回归和逻辑回归

导读

本章围绕两个问题展开：一是建立深度学习的线性回归模型，实现简单预测；二是建立深度学习的逻辑回归模型，实现简单分类。

线性回归模型可分为一元线性回归模型和多元线性回归模型。在一元线性回归模型中，本书将介绍什么是回归、什么是线性回归和解决线性回归的两个主要方法：最小二乘法、梯度下降法。学习线性回归模型有助于读者理解复杂的深度学习模型。

从本章开始，本书将由浅入深地讲解深度学习基础和常见的深度学习模型。

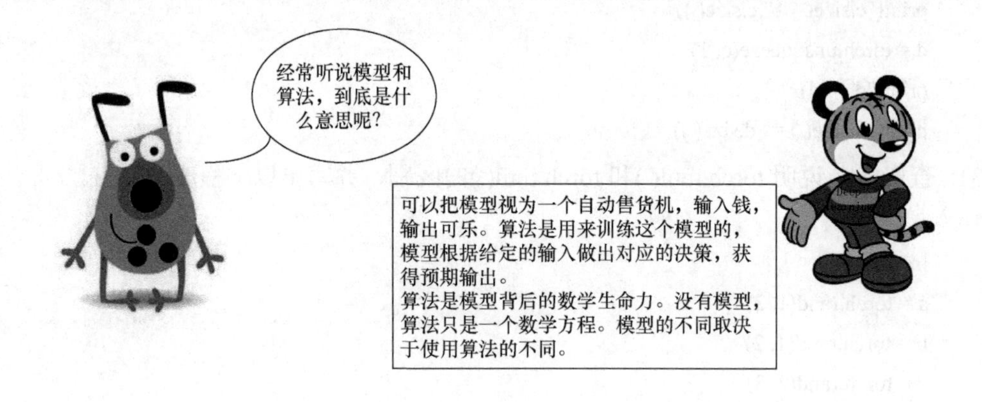

4.1　回　　归

本章的两个问题都是回归问题，回归是什么意思？

回归实际上是回归分析的创始人——英国科学家弗朗西斯·高尔顿在研究一个地区的父母身高和孩子身高的关系时发现的。他发现即使父母都非常高，其孩子却不见得比父母高，而是有“回归”至平均身高的倾向。

图 4.1 就是弗朗西斯·高尔顿为找到父母身高与孩子身高之间的关系而描绘的折线图，其中深色线代表父母身高，浅色线代表孩子身高，虚线代表平均身高。不难发现，相比于父母身高，孩子身高更趋向于回归到人类的平均身高。通过这次调研，弗朗西斯·高尔顿总结出了一个非常经典的结论：回归趋向均值。该结论就构成了回归分析的本质。

回归分为线性回归、广义线性回归和非线性回归，其中线性回归又可以分成一元线性回归和多元线性回归。广义线性回归包括逻辑回归和对数回归。回归的分类如图 4.2 所示。

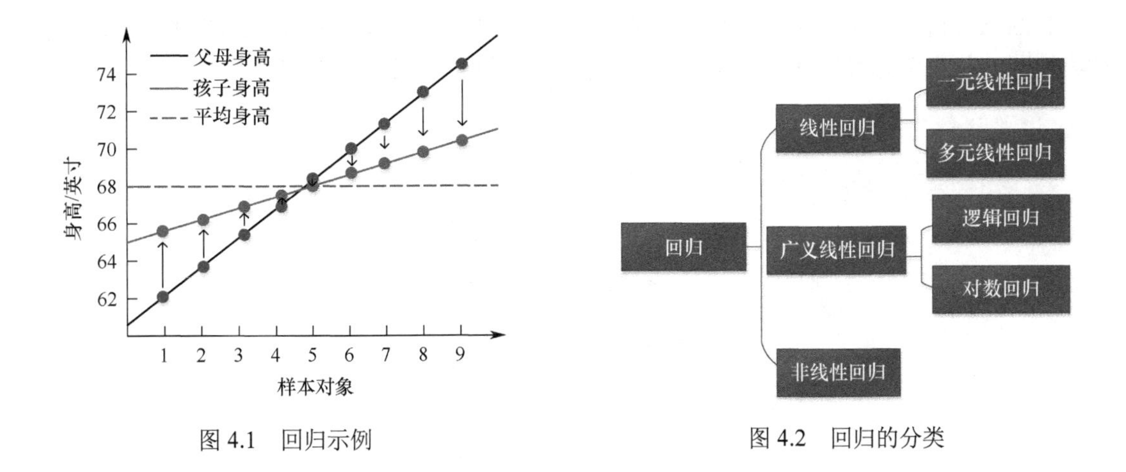

图 4.1　回归示例

图 4.2　回归的分类

4.2　线性回归

预测是现实生活中经常遇到的问题。例如，在了解某地区一定数量的房屋情况与相应的售价数据后，对房价走势进行预测。本节介绍如何用线性回归模型来实现预测。

线性回归模型是深度学习中最基础、最简单的模型，但是“麻雀虽小、五脏俱全”。它与大多数监督学习算法具有相同的建模思路，也包括建立模型、定义损失函数、定义优化函数、训练模型、测试模型这些过程。

什么是线性回归呢？

线性回归是利用数理统计中的回归分析来确定两种或两种以上变量间相互依赖的定量关系的一种统计分析方法，应用十分广泛。若在回归分析中只包括一个自变量和一个因变量，且二者的关系可用一条直线近似表示，则这种线性回归称为一元线性回归。图 4.3 中的直线就描述了全部数据点的一元线性回归分布。

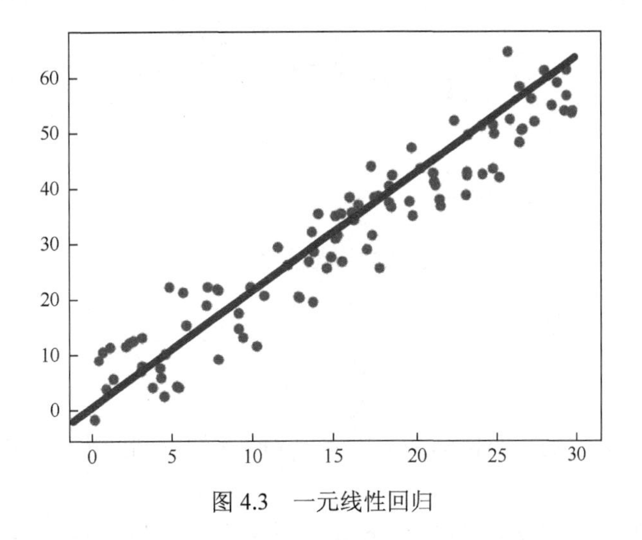

图 4.3　一元线性回归

若回归分析中包括两个或两个以上的自变量，且因变量和自变量之间是线性关系，则这种线性回归称为多元线性回归。图 4.4 描述了一个平面对多元信息的拟合。

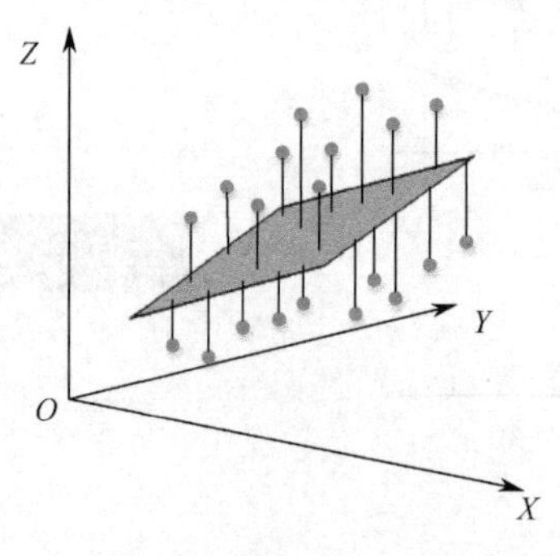

图 4.4 多元线性回归

线性回归的基本形式是

$$f(x) = w_1x_1 + w_2x_2 + ... + w_nx_n + b$$

一般向量形式是

$$f(x) = \boldsymbol{w}^{\mathrm{T}}x + b$$

其中，$x_1, x_2, \cdots, x_n$ 是一组独立的预测变量；$\boldsymbol{w} = (w_1; w_2; \cdots; w_n)$，$w_1, w_2, \cdots, w_n$ 为模型从训练数据中学习到的参数或赋予每个变量的权值；b 也是一个学习到的参数，这个线性回归中的常量也称为模型的偏置。

线性回归的目标是找到一个与这些数据最吻合的线性函数，用来预测或者分类，主要解决线性问题。

怎样找到这样的线性函数呢？

以一元线性回归为例，就是试图找到一条拟合直线，使所有样本点到直线的欧氏距离之和最小，如图 4.5 所示。这恰恰是最小二乘法能解决的问题。

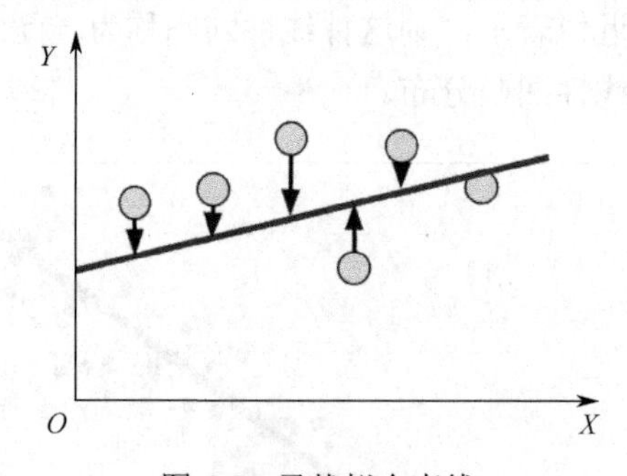

图 4.5 寻找拟合直线

最小二乘法的形式如下：

$$J(\theta) = \sum_{i=1}^{n} (f_\theta(x_i) - y_i)^2$$

最小二乘法的目标就是最小化 $J(\theta)$，其中 $f_\theta(x_i)$ 是线性回归模型计算出的预测值，y_i 是真实值。

数据点到直线的最小距离如何在 PyTorch 中表示呢？这里又要引入一个新的概念——损

失函数（或代价函数）。损失函数是用来拟合直线和真实值之间的距离的。损失函数越小，说明训练数据与直线拟合得越好。在图 4.6 中，$\hat{y}=ax+b$ 为拟合直线，某预测值 $\hat{y}$ 与真实值 y 之间的距离就是该点的损失（loss）。

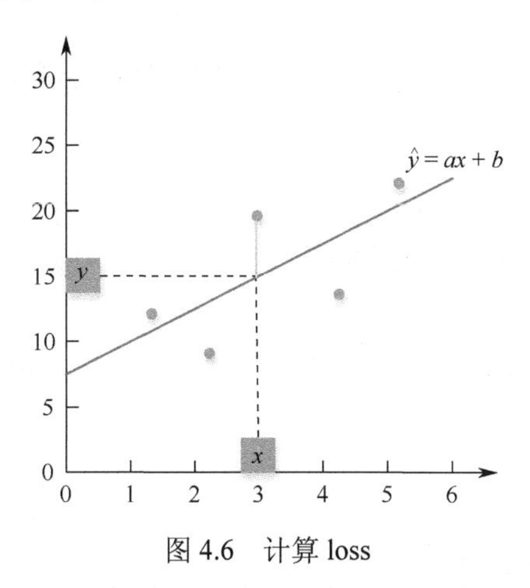

图 4.6　计算 loss

定义计算所有数据点与拟合直线的距离之和的函数为损失函数 loss：

$$\text{loss}=\sum_{i=1}^{n}(f(x_i)-y_i)^2$$

对于多元线性回归模型，一般采用 $h_\theta(x)$ 进行拟合，为 n 次多项式拟合，有

$$h_\theta(x)=\theta_0+\theta_1x+\theta_2x^2+\cdots+\theta_nx^n$$

其中，$\theta_0,\theta_1,\theta_2,\cdots,\theta_n$ 为参数。最小二乘法就是要找到一组（$\theta_0,\theta_1,\theta_2,\cdots,\theta_n$），使得

$$\sum_{i=1}^{n}(h_\theta(x_i)-y_i)^2$$

最小，即求

$$\min\sum_{i=1}^{n}(h_\theta(x_i)-y_i)^2$$

通俗来讲，就是将真实值和预测值之间的距离的平方和最小作为目标来进行优化。

我感觉线性回归好像就是线性拟合，就是构造函数模型来拟合这些样本数据

真实数据分布与我们假设的分布存在方差和偏差，方差代表的是假设函数模型与样本数据之间的差别，偏差其实就是不同分布的样本数据带来的差别。
回归的做法就是重复采集样本数据，使得样本数据偏向方差，偏差起的作用越来越少。
拟合就是尽可能使损失函数最小，不考虑方差和偏差。

PyTorch 中常用的损失函数有很多，如均方误差损失函数、交叉熵损失函数、L1 范数损失函数、KL 散度损失函数、二进制交叉熵损失函数等。

4.3 一元线性回归的代码实现

线性回归属于监督学习，其思路是先给定一个训练集，根据这个训练集学习出一个线性函数，然后检测这个函数训练得好不好，从而选择最好的函数，最后用这个最好的函数完成预测。

【例 4.1】一元线性回归的代码实现。

第一步：导入包、定义超参数。导入 Torch 模块库和 Matplotlib 画图模块库。

```
import torch
import torch.nn as nn
import numpy as np
import matplotlib.pyplot as plt
from torch.autograd import Variable
#定义超参数
input_size = 1
output_size = 1
num_epochs = 1000
learning_rate = 0.001
```

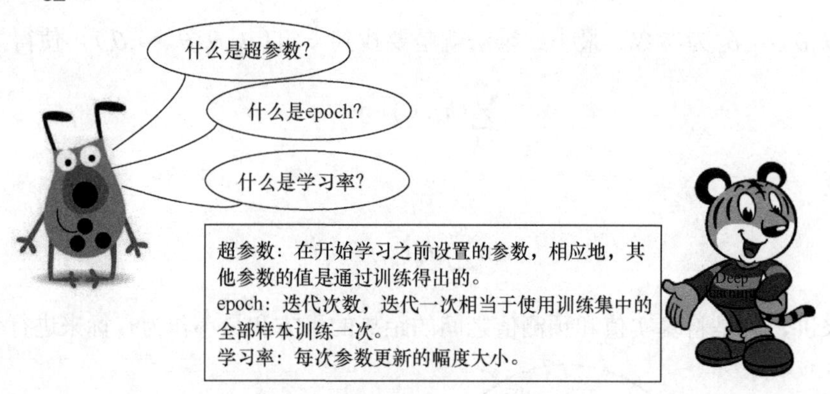

第二步：“制造”出一些数据，即生成矩阵数据。

```
x_train = np.array([[2.3], [4.4], [3.7], [6.1], [7.3], [2.1],[5.6], [7.7], [7.7], [4.1],
                    [6.7], [6.1], [7.5], [2.1], [7.2],
                    [5.6], [5.7], [7.7], [3.1]], dtype=np.float32)
#xtrain 生成矩阵数据
y_train = np.array([[2.7], [4.76], [4.1], [7.1], [7.6], [3.5],[5.4], [7.6], [7.9], [5.3],
                    [7.3], [7.5], [7.5], [3.2], [7.7],
                    [6.4], [6.6], [7.9], [4.9]], dtype=np.float32)
plt.figure( )    #画散点图
```

```
plt.scatter(x_axis,y_axis)
plt.xlabel('x_axis')          #x 轴名称
plt.ylabel('y_axis')          #y 轴名称
plt.show( )                   #显示图片
```

运行程序，可以看到生成数据点的分布结果如图 4.7 所示。

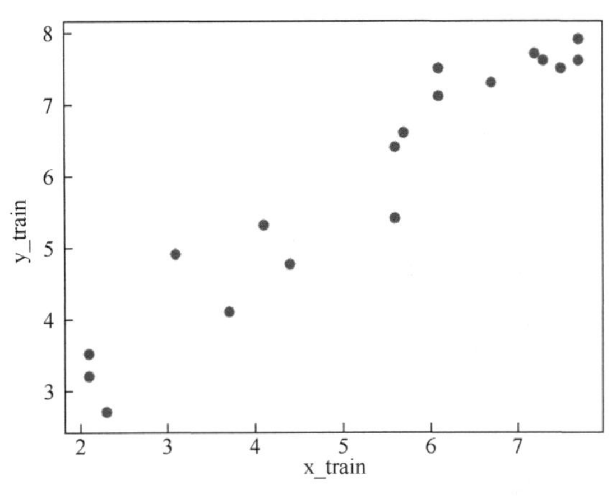

图 4.7　生成数据点的分布结果

第三步：建立线性回归模型。这里 nn.Linear 表示的是 $y = wx + b$，input_size 表示的是自变量 x 的尺寸，是一维；output_size 表示的是因变量 y 的尺寸，也是一维。

```
class LinearRegression(nn.Module):
    def __init__(self, input_size, output_size):
        super(LinearRegression, self).__init__( )
        self.linear = nn.Linear(input_size, output_size)
    def forward(self, x):
        out = self.linear(x)
        return out
```

实例化 LinearRegression 类如下：

```
model = LinearRegression(input_size, output_size)
```

第四步：定义损失函数。这里使用均方误差函数 MSELoss( )定义损失函数 criterion，即对每个训练样本的预测值与真实值之差的平方求和。需要将 model 的参数 model.parameters( )传进去。

```
criterion = nn.MSELoss( )
```

第五步：定义优化函数。优化函数代表通过什么方式去优化需要学习的值，即本例中的 w 和 b。优化的方法有很多，常用的有随机梯度下降法（SGD 算法）、标准动量优化算法（Momentum）、RMSProp 算法、Adam 算法。这里选择 SGD 算法。

```
optimizer = torch.optim.SGD(model.parameters( ), lr=learning_rate)
```

第六步：训练模型。首先定义迭代的次数，这里为 1 000 次，先进行前向传播计算损失函数，然后进行反向传播计算梯度。需要注意的是，每次计算梯度前都要将梯度归零，不然梯度会累加到一起造成结果不收敛。为了便于查看结果，每隔一段时间输出一次当前的迭代次数和损失函数。

```
for epoch in range(num_epochs):
    #将 NumPy 转成 Tensor
    inputs = Variable(torch.from_numpy(x_train))
    targets = Variable(torch.from_numpy(y_train))

    #前向传播
    optimizer.zero_grad( )
    outputs = model(inputs)
    #反向传播
    loss = criterion(outputs, targets)
    loss.backward( )
    #优化
    optimizer.step( )
    #更新参数
    if (epoch+1) % 5 == 0:
        print ('Epoch [%d/%d], loss: %.4f'
               %(epoch+1, num_epochs, loss.data[0]))   #每隔 50 个 epoch 打印一次结果
```

第七步：测试模型。通过 model.eval( )函数将模型变为测试模式（这是因为有一些操作，如 Dropout 和 BatchNormalization 在训练和测试时是不一样的），然后将数据放入模型中进行测试。最后，通过画图工具 Matplotlib 查看拟合结果。

```
model.eval( )
predicted = model(Variable(torch.from_numpy(x_train))).data.numpy( )
plt.plot(x_train, y_train, 'ro')
plt.plot(x_train, predicted, label='predict')
plt.legend( )
plt.show( )
```

拟合结果如图 4.8～图 4.15 所示，不同的训练次数会产生不同的拟合结果。

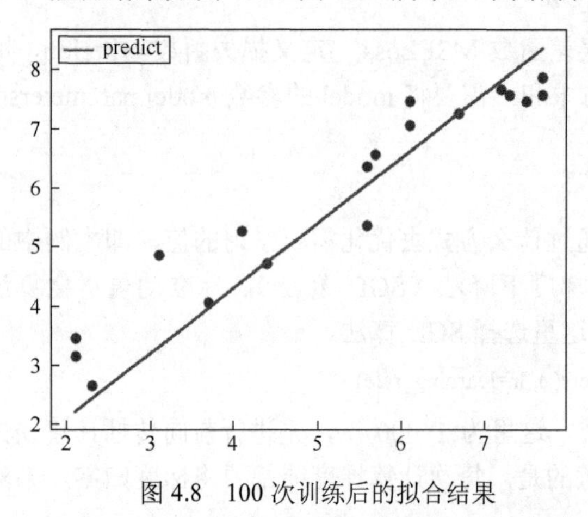

图 4.8　100 次训练后的拟合结果

```
Epoch [50/100], loss: 0.7161
Epoch [100/100], loss: 0.6298
```

图 4.9　100 次训练后 loss 的变化

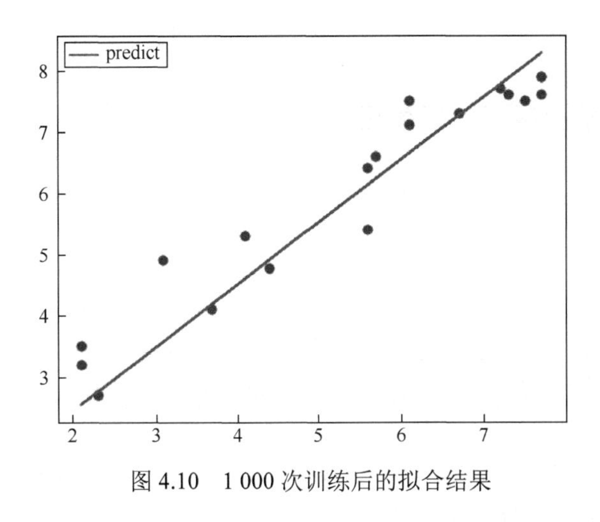

图 4.10　1 000 次训练后的拟合结果

```
Epoch [950/1000], loss: 0.3457
Epoch [1000/1000], loss: 0.3426
```

图 4.11　1 000 次训练后 loss 的变化

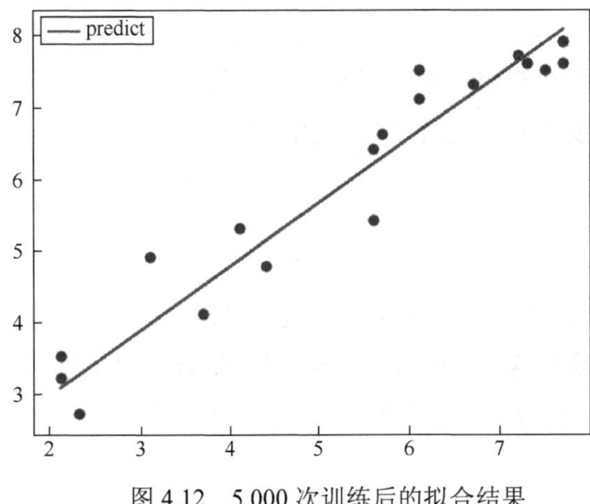

图 4.12　5 000 次训练后的拟合结果

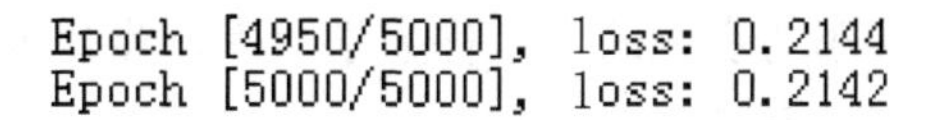

```
Epoch [4950/5000], loss: 0.2144
Epoch [5000/5000], loss: 0.2142
```

图 4.13　5 000 次训练后 loss 的变化

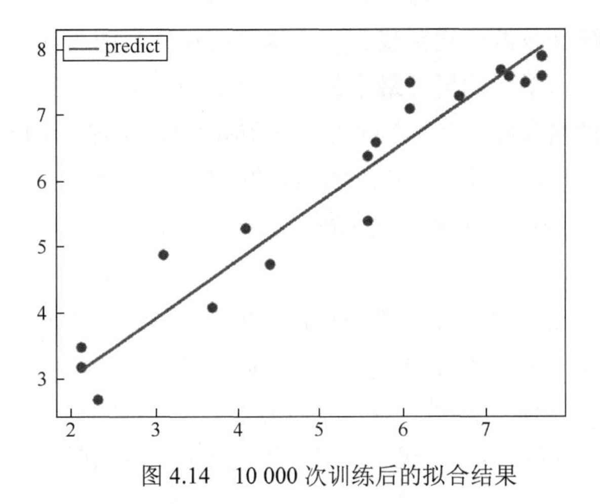

图 4.14　10 000 次训练后的拟合结果

```
Epoch [9950/10000], loss: 0.2079
Epoch [10000/10000], loss: 0.2078
```

图 4.15　10 000 次训练后 loss 的变化

可以看到，随着训练次数的增多，loss 越来越小，拟合结果越来越好。

4.4 梯度及梯度下降法

4.4.1 梯度

梯度是微积分中的一个重要概念。

在单变量函数中，梯度就是函数的微分，代表函数在某个给定点上切线的斜率。

在多变量函数中，梯度是一个向量，向量有方向，梯度的方向或反方向指明了函数在给定点上上升或下降最快的方向。

例如，对于函数 $f(x,y)$，我们分别对自变量 x 和 y 求偏导数 $\partial f/\partial x$ 和 $\partial f/\partial y$，那么梯度向量就是 $(\partial f/\partial x, \partial f/\partial y)$，简称 grad $f(x,y)$ 或者 $\nabla f(x,y)$。

从几何角度来说，梯度其实就是函数图像变化最快的地方，沿着梯度向量的方向会更容易找到函数的最大值，沿着梯度向量的反方向会更容易找到函数的最小值。

因此，最小化损失函数时就可以通过梯度下降法进行不断迭代求解。

4.4.2 梯度下降法

梯度下降法是迭代法的一种。可以这样理解梯度下降法的思想：想象你正站立在山顶上，寻找一条下山最快的路。你每走一步就会思考下一步的方向，以保证你能以最快的速度下山。挪动步伐的大小称为学习率，步伐太大，容易找不到最合适的下山方向，步伐太小，速度又会太慢。

回到深度学习中，我们随机选择一个参数的组合计算损失函数，然后我们寻找下一个能让损失函数值下降最多的参数组合，持续这么做，直到找到一个局部最小值。因为我们并没有尝试完所有的参数组合，所以不能确定得到的局部最小值是否是全局最小值，所以选择不同的初始参数组合，可能会找到不同的局部最小值。在特征较少的情况下，这种方法可能会导致算法陷入某个局部最优解。但当特征足够多时，出现这种情况的概率就几乎为 0 了。

在深度学习中，基于基本的梯度下降法发展出了两种不同的梯度下降法，分别为随机梯度下降法和批量梯度下降法。

在使用梯度下降法进行优化时，对其影响较大的三个因素为步长、初始值和归一化。

（1）步长：又称学习率，决定了迭代过程中每一步沿梯度向量反方向前进的长度。

（2）初始值：随机选取的初始参数组合，当损失函数是非凸函数时，可能会得到局部最优解，此时需要多测试几次，从局部最优解中找出全局最优解。当损失函数是凸函数时，得到的解就是全局最优解。

（3）归一化：归一化能够加快梯度下降的速度。若不进行归一化，会导致收敛速度很慢，从而形成“之”字形的路线。

4.5　多元线性回归的代码实现

对于一元线性回归，由于函数拟合出来的是一条直线，所以精度欠佳，因此我们可以考虑用多元线性回归来拟合更多的模型。

多元线性回归的本质也是线性回归，其采取的方法是增加每个属性的幂来增加维数。

如果想要拟合的多项式为

$$y = 4x^3 + 3x^2 + 2x + 1$$

对于输入值 x，只需要增加其平方项、三次方项即可。所以，我们可以设置如下的拟合函数：

$$f(x) = w_3x^3 + w_2x^2 + w_1x + b$$

【例 4.2】多元线性回归的代码实现。

第一步：导入包、定义超参数。

```
from itertools import count
import torch
import torch.autograd
import torch.nn.functional as F
n = 3
```

需要说明两点：

（1）itertools 包中的 count(start,[step])函数是用来计数的，可以一直计到无穷大。其第一个参数 start 是计数的起始值，第二个参数 step 是计数的步长。

（2）n 为一个常量，用来指定多项式的最高次数为 3。

第二步：“制造”出一些数据，将 n 个输入数据 $x_1, x_2, \cdots, x_n$ 处理成矩阵形式：

$$\boldsymbol{X} = \begin{Bmatrix} x_1 & x_1^2 & x_1^3 \\ x_2 & x_2^2 & x_2^3 \\ \vdots & \vdots & \vdots \\ x_n & x_n^2 & x_n^3 \end{Bmatrix}$$

通过 torch.cat( )函数实现 Tensor 的拼接：

```
def make_features(x):
    """构造特征矩阵"""
    x = x.unsqueeze(1)
    return torch.cat([x ** i for i in range(1, n+1)], 1)
```

定义多项式：

```
W_target = torch.FloatTensor([2,3,4]).unsqueeze(1)
b_target = torch.FloatTensor([1])


def f(x):
```

```
    """拟合函数"""
    return x.mm(W_target) + b_target.item( )
```

这里的权重已经定义好了，x.mm(W_target)表示做矩阵乘法，f(x)用于根据每次输入的x，得到一个拟合结果。

在训练时需要采样一些数据点，可以随机生成一批数据作为训练集。get_batch(get_batch)函数的功能是每次取 batch_size 个数据点，然后将其处理为矩阵形式，再把这个矩阵传给 f(x)函数，并将 f(x)函数的返回值 y 也返回，作为真实的输出值。

```
def get_batch(batch_size=32):
    """构建批次对(x, f(x))"""
    random = torch.randn(batch_size)
    x = make_features(random)
    y = f(x)
    return x, y
```

第三步：建立线性回归模型。这里采用一种简写的方式定义模型，用 torch.nn.Linear( )表示定义一个线性回归模型，定义输入值和目标参数 w 的行数一致（和 n 一致），输出值为 1 的模型。

```
#定义模型
fc = torch.nn.Linear(W_target.size(0), 1)
```

第四步：训练模型。在训练的过程中让其不断优化，直到用随机选取的 batch_size 个数据点计算出来的均方误差小于 0.001 为止。

```
for batch_idx in count(1):
    #获取数据
    batch_x, batch_y = get_batch( )
    #重置梯度
    fc.zero_grad( )
    #前向传播
    output = F.smooth_l1_loss(fc(batch_x), batch_y)
    loss = output.item( )
    #反向传播
    output.backward( )
    #计算梯度
    for param in fc.parameters( ):
        param.data.add_(-0.1 * param.grad.data)
    #设置截止条件
    if loss < 1e-3:
        break
```

这样就训练出了多元线性回归模型，为了方便观察，定义如下打印函数来打印拟合出的多项式。

```
def poly_desc(W, b):
```

```
        """建立多项式线性描述"""
        result = 'y = '
        for i, w in enumerate(W):
            result += '{:+.2f} x^{} '.format(w, len(W) - i)
        result += '{:+.2f}'.format(b[0])
        return result
    print('loss: {:.6f} after {} batches'.format(loss, batch_idx))
    print('==> Learned function:\t' + poly_desc(fc.weight.view(-1), fc.bias))
    print('==> Actual function:\t' + poly_desc(W_target.view(-1), b_target))
```

程序运行结果如下：

```
loss: 0.000985 after 111 batches
==> Learned function: y = +2.06 x^3 +3.00 x^2 +3.98 x^1 +1.02
==> Actual function: y = +2.00 x^3 +3.00 x^2 +4.00 x^1 +1.00
```

可以看出，程序拟合的多项式和真实的多项式十分接近。

现实世界中很多问题都不是简单的线性回归问题，涉及很多复杂的非线性模型。但是我们可以在特征上进行研究，改变或者增加其特征，从而将非线性问题转化为线性问题来解决，这种处理问题的思路是我们从多元线性回归中应该汲取到的。

4.6　逻辑回归概述

线性回归能对连续值的结果进行预测，而现实生活中还有另外一类常见问题：分类问题。最简单的分类问题就是二分类问题，如医生判断病人是否生病，银行判断一个人的信用程度是否达标，邮箱判断接收到的邮件是否为垃圾邮件等。本节将介绍如何用逻辑回归来实现这些分类。

4.6.1　逻辑回归

逻辑回归表面上看是“回归”，但实际上处理的问题是“分类”问题。逻辑回归模型是一种广义的回归模型，其与线性回归模型有很多相似之处，模型的形式也基本相同，都是

$$y = \boldsymbol{w}^{\mathrm{T}} x + b$$

其中，x 可以是一个多维的特征。

唯一不同的地方在于逻辑回归会对 y 作用一个逻辑函数，将其转化为一种概率的结果。逻辑函数也称为 Sigmoid 函数，是逻辑回归的核心。在 1.4 节中，已经介绍过 Sigmoid 函数，Sigmoid 函数的值域是 0～1，所以任何一个值经过 Sigmoid 函数的作用，都会变成 0～1 之间的值，可以形象地把这个值理解为一个概率。例如，对于二分类问题，这个值越小，数据点就越可能属于第一类，这个值越大，数据点就越可能属于第二类。

进行逻辑回归的前提是数据点具有良好的线性可分性，也就是说，数据集能够在一定维度上被分为两个部分。

4.6.2 逻辑回归中的损失函数

对于线性回归问题，本书用一个损失函数去衡量误差。那么对于分类问题，如何去衡量这个误差呢？

逻辑回归使用 Sigmoid 函数将结果转化为 0～1 之间的值，对于任意一个数据点，将其经过 Sigmoid 函数作用之后的结果记为 $\hat{y}$，表示这个数据点属于第二类的概率，那么其属于第一类的概率就是 $1-\hat{y}$。如果这个数据点属于第二类，我们希望 $\hat{y}$ 越大越好，也就是越接近于 1 越好，如果这个数据点属于第一类，我们希望 $1-\hat{y}$ 越大越好，也就是 $\hat{y}$ 越小越好，越接近于 0 越好。所以可以这样设计损失函数：

$$\text{loss} = -(y\log(\hat{y}) + (1-y)\log(1-\hat{y}))$$

其中，y 表示真实值，只能取 0, 1 这两个值，$\hat{y}$ 表示逻辑回归模型计算出的预测值，是一个 0～1 之间的值。如果 y 是 0，表示该数据点属于第一类，我们希望 $\hat{y}$ 越小越好，loss 变为

$$\text{loss} = -(\log(1-\hat{y}))$$

在训练模型时我们希望 loss 最小，根据 log 函数的单调性，也就是最小化 $\hat{y}$。

而如果 y 是 1，表示该数据点属于第二类，我们希望 $\hat{y}$ 越大越好，同时 loss 变为

$$\text{loss} = -(\log(\hat{y}))$$

在训练模型时我们希望 loss 最小，也就是最大化 $\hat{y}$。

通过上面的论述，可知这样构建损失函数是合理的。

4.6.3 逻辑回归的代码实现

【例 4.3】逻辑回归的代码实现。

第一步：导入包。

```
import torch
from torch import nn
from torch.autograd import Variable
import matplotlib.pyplot as plt
import numpy as np
```

第二步：“制造”出一些数据。

```
n_data = torch.ones(100, 2)              #数据的基本形态
x0 = torch.normal(2*n_data, 1)           #类型 x0 data (tensor), shape=(100, 2)
y0 = torch.zeros(100)                    #类型 y0 data (tensor), shape=(100, 1)
x1 = torch.normal(-2*n_data, 1)          #类型 x1 data (tensor), shape=(100, 1)
y1 = torch.ones(100)                     #类型 y1 data (tensor), shape=(100, 1)
#注意 x, y 的数据形式一定要像下面一样（torch.cat( )函数用于合并数据）
x = torch.cat((x0, x1), 0).type(torch.FloatTensor)          #FloatTensor: 32 位浮点型
```

```
y = torch.cat((y0, y1), 0).type(torch.FloatTensor)          #LongTensor: 64 位整型
```

如果现在就想看看“制造”出来的数据是什么样的，可以用以下代码进行显示：

```
plt.scatter(x.data.numpy( )[:, 0], x.data.numpy( )[:, 1], c=y.data.numpy( ), s=100, lw=0, cmap='RdYlGn')
plt.show( )
```

第三步：建立逻辑回归模型。

```
class LogisticRegression(nn.Module):
    def __init__(self):
        super(LogisticRegression, self).__init__( )
        self.lr = nn.Linear(2, 1)
        self.sm = nn.Sigmoid( )
    def forward(self, x):
        x = self.lr(x)
        x = self.sm(x)
        return x
logistic_model = LogisticRegression( )
if torch.cuda.is_available( ):
    logistic_model.cuda( )
```

第四步：定义损失函数和优化函数。

```
criterion = nn.BCELoss( )
optimizer = torch.optim.SGD(logistic_model.parameters( ), lr=1e-3, momentum=0.9)
```

第五步：训练模型。

```
for epoch in range(10000):
    if torch.cuda.is_available( ):
        x_data = Variable(x).cuda( )
        y_data = Variable(y).cuda( )
    else:
        x_data = Variable(x)
        y_data = Variable(y)

    out = logistic_model(x_data)
    loss = criterion(out, y_data)
    print_loss = loss.data.item( )
    mask = out.ge(0.5).float( )                 #以 0.5 为阈值进行分类
    correct = (mask == y_data).sum( )           #计算正确预测的样本个数
    acc = correct.item( ) / x_data.size(0)      #计算精度
    optimizer.zero_grad( )
    loss.backward( )
    optimizer.step( )
    #每隔 20 个 epoch 打印一次当前的误差和精度
```

```
        if (epoch + 1) % 200 == 0:
            print('*'*10)
            print('epoch {}'.format(epoch+1))        #迭代次数
            print('loss is {:.4f}'.format(print_loss))    #误差
            print('acc is {:.4f}'.format(acc))          #精度
```

第六步：测试模型。

```
logistic_model.eval( )
w0, w1 = logistic_model.lr.weight[0]
w0 = float(w0.item( ))
w1 = float(w1.item( ))
b = float(logistic_model.lr.bias.item( ))
plot_x = np.arange(-7, 7, 0.1)
plot_y = (-w0 * plot_x - b) / w1
plt.scatter(x.data.numpy( )[:, 0], x.data.numpy( )[:, 1], c=y.data.numpy( ), s=100, lw=0, cmap='RdYlGn')
plt.plot(plot_x, plot_y)
plt.show( )
```

运行过程中 loss 和分类准确率的变化如图 4.16 所示，分类结果的部分截图如图 4.17 所示。由图 4.17 可知，分类结果令人满意。

```
epoch 8400
loss is 0.0091
acc is 100.0000
**********
epoch 8600
loss is 0.0089
acc is 100.0000
**********
epoch 8800
loss is 0.0088
acc is 100.0000
**********
epoch 9000
loss is 0.0087
acc is 100.0000
**********
epoch 9200
loss is 0.0086
acc is 100.0000
**********
epoch 9400
loss is 0.0085
acc is 100.0000
**********
epoch 9600
loss is 0.0084
acc is 100.0000
**********
epoch 9800
loss is 0.0083
acc is 100.0000
**********
epoch 10000
loss is 0.0082
acc is 100.0000
```

图 4.16 loss 和准确率的变化

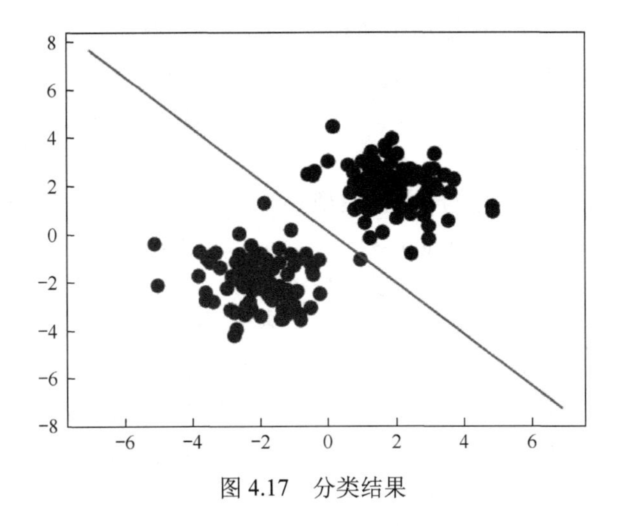

图 4.17　分类结果

本章小结

到此，本书已经介绍了线性回归和逻辑回归。线性回归处理的是预测问题，也就是回归问题；逻辑回归处理的是分类问题。

分类问题用于把数据分到某一类，是一个离散的问题。而回归问题是一个连续问题，如曲线拟合。我们可以利用线性回归模型拟合任意的函数，拟合结果是一个连续的值。

掌握分类问题和回归问题是掌握深度学习的第一步，遇到任何一个问题，我们都需要先确定其是分类问题还是回归问题，再进行算法设计。

习　　题

1. 填空题

（1）回归分为线性回归、广义线性回归和 ____________。

（2）从几何上讲，梯度其实就是函数图像变化最快的地方，沿着梯度向量的方向会更容易找到函数的____________，沿着梯度向量的反方向会更容易找到函数的____________。

（3）在梯度下降法中，对其影响较大的三个因素为____________、初始值和归一化。

（4）线性回归主要的步骤：导入包，“制造”数据，建立模型，__________，训练模型，测试模型。

（5）逻辑函数也称为____________。

2. 选择题

（1）以下不是线性回归的实现过程的是（　　）。

A. 建立模型　　B. 定义损失函数　　C. 优化参数　　D. 测试参数

（2）以下不是优化函数的是（　　）。

A. RMSProp 算法　　B. 随机梯度下降（SGD）

C. 线性回归法　　D. 标准动量优化算法（Momentum）

（3）以下哪个函数可将模型变成测试模型？（　　）

A. model.eval( )　　B. legend( )　　C. show( )　　D. plot( )

（4）在开始学习过程之前要设置的参数是（　　）。

A. 超参数　　B. epoch　　C. batch　　D. iter

（5）torch.nn.Linear(　　)

A. 计算两个模型的距离　　B. 表示定义一个线性模型

C. 定义一个逻辑模型　　D. 计算损失函数

3. 简答题

（1）梯度是微积分中的一个重要概念，简述梯度在单变量函数和多变量函数中的含义。

（2）在梯度下降法中，对算法效果影响较大的三个因素是什么？分别解释。

实　验

1. 某比萨连锁店分布在沈阳市区内。该比萨连锁店的最佳位置是在大学校园附近，管理人员确信，这些连锁店的季度销售收入与学生人数是正相关的。

表 4.1 是 10 家比萨连锁店的季度销售数据，观测次数 n=10，数据中给出的自变量 $x(i)$ 为比萨连锁店 i 所在地的学生人数，因变量 $y(i)$ 为比萨连锁店 i 的季度销售额。现有一家新开的比萨连锁店，已知这家店附近的学生人数，请用线性回归的知识预测新店的季度销售额。请用 PyTorch 绘制出源数据的可视化散点图，再绘制出拟合直线。

表 4.1　数据

比萨连锁店 i	$x(i)$（单位：千）	$y(i)$（单位：千）
1	2	58
2	6	105
3	8	88
4	8	118
5	12	117
6	16	137
7	20	157
8	20	169
9	22	149
10	26	202

2. 写出程序并生成图。先在 $x \in [-1,1]$ 范围内任意做出 100 个点，其值由 $y = 5x + 8$ 再加上 torch.rand( )函数的值生成，然后画出这些点的拟合直线。

3. 随机生成一个最高次为 3 的多项式，并实现多元线性回归。

4. 鸢尾花数据集（iris.csv）是一个著名的统计学数据集，被机器学习研究者大量使用。它包含 150 组实例，4 种生物特征和每组实例对应的鸢尾花种类（setosa, versicolor, virginica）。试采用逻辑回归对其进行分类，并给出分类结果。

第 5 章　全连接神经网络

导读

从本章开始，我们介绍各种深度神经网络。神经网络不是一种具体的算法，而是一种模型或架构。本章介绍的全连接神经网络是一种神经元全连接的神经网络。本章将完成一个用全连接神经网络解决 MNIST 手写数字多分类问题的项目。在介绍代码实现之前，会先介绍完成该项目所需的基础知识，如多分类问题、反向传播算法、计算机视觉工具包 torchvision 的使用等。

5.1　全连接神经网络概述

全连接神经网络是一种最基本的神经网络。全连接神经网络的构建准则很简单：除输入层之外的每个节点都和上一层的所有节点连接。例如，图 5.1 所示的就是典型的全连接神经网络。

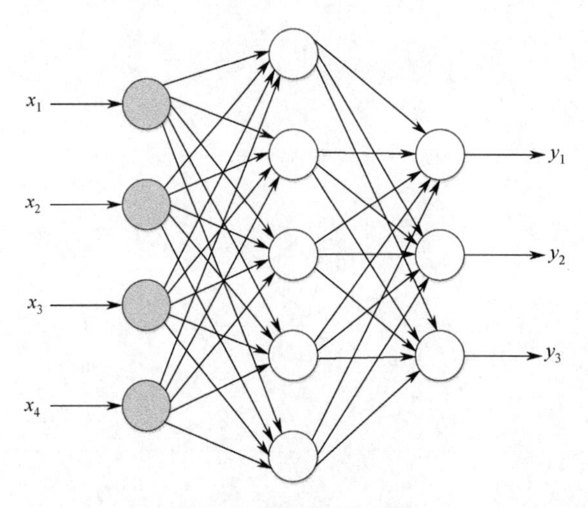

图 5.1　全连接神经网络

神经网络的第一层为输入层，最后一层为输出层，中间所有的层都为隐藏层。在计算神经网络层数时，一般不计算输入层，所以图 5.1 所示的这个全连接神经网络的层数为 2，其中输入层有 4 个神经元，隐藏层有 5 个神经元，输出层有 3 个神经元。

本章将用全连接神经网络解决一个多分类问题：区分图片上的 10 个手写数字（0～9）。

5.2　多分类问题

假设有这样一个神经元：$f(z)=\dfrac{1}{1+\mathrm{e}^{-z}}$，其中 $z=a_1x_1+a_2x_2+b$，如图 5.2 所示。

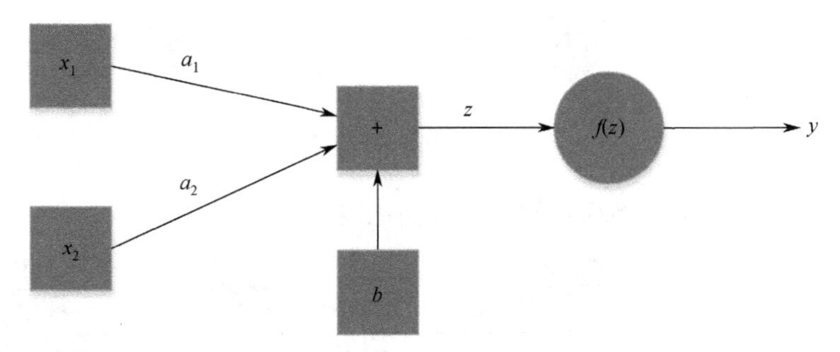

图 5.2　单神经元

按 $\begin{bmatrix} x_1 \\ x_2 \end{bmatrix}=\begin{bmatrix} 1 \\ -1 \end{bmatrix}$，$\begin{bmatrix} a_1 \\ a_2 \end{bmatrix}=\begin{bmatrix} 1 \\ -2 \end{bmatrix}$，$b$=1 将此神经元实例化，如图 5.3 所示。

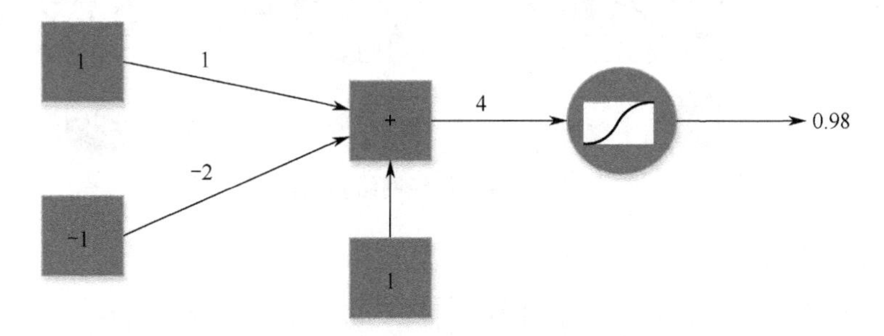

图 5.3　单神经元实例化

将图 5.2 所示的神经元的两个操作合并在一起，如图 5.4 所示。

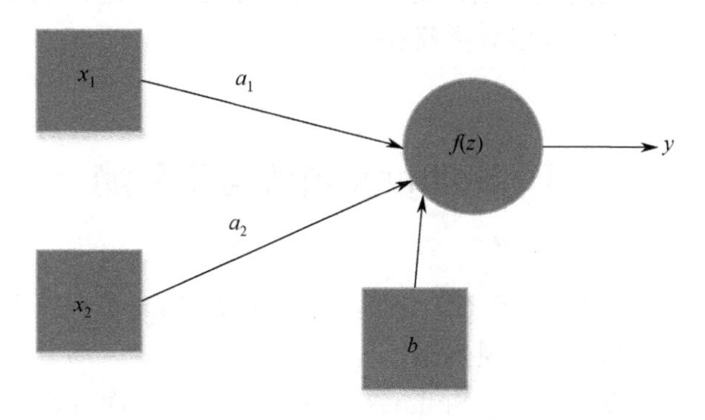

图 5.4　合并后的单神经元

多个如图 5.4 所示的神经元组合成的多层神经网络如图 5.5 所示。

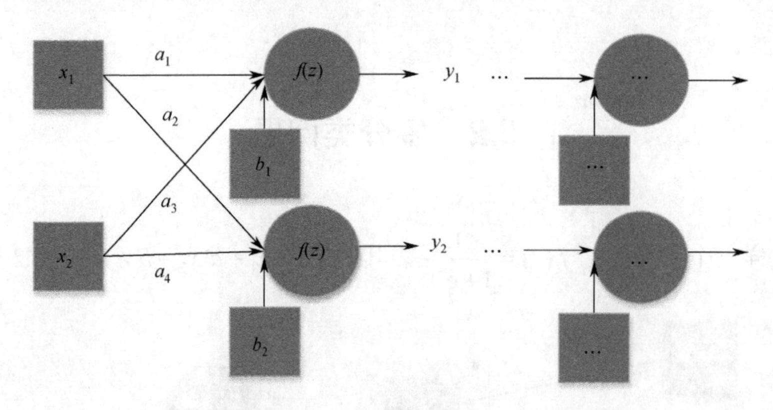

图 5.5　多层神经网络

将图 5.5 所示的多层神经网络实例化，实例化数值如图 5.6 所示。

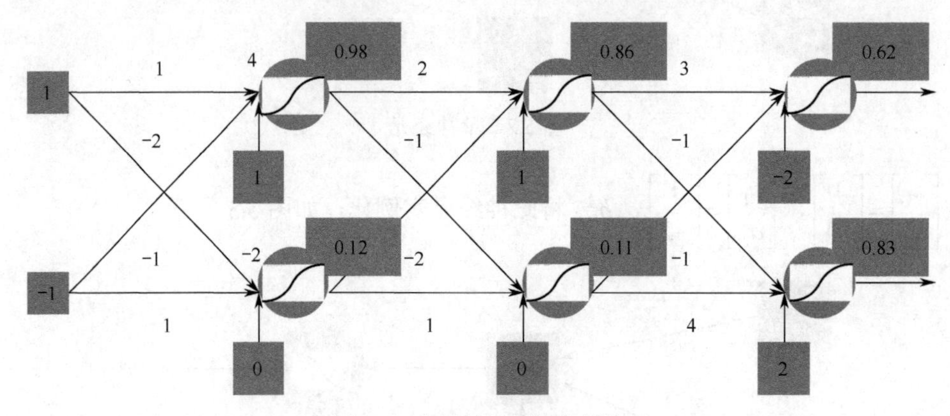

图 5.6　多层神经网络实例化

经过计算，得到输出结果：

$$\begin{bmatrix} y_1 \\ y_2 \end{bmatrix} = \begin{bmatrix} 0.62 \\ 0.83 \end{bmatrix}$$

理解了上面的多层神经网络的工作原理后，再来看下如何用它进行分类。

前面已经介绍了二分类问题，现在处理的问题更加复杂，是一个 10 分类问题，我们把两种以上类别的分类问题统称为多分类问题。

5.3　Softmax 函数与交叉熵

Softmax 函数又称归一化指数函数，它是二分类函数 Sigmoid 在多分类上的推广，目的是将多分类的结果以概率的形式展现出来。

在机器学习尤其是深度学习中，Softmax 函数是一个常用而且比较重要的函数，在多分类的场景中使用非常广泛。它能把输入映射为 0～1 之间的值，并且保证归一化和为 1，而多分类问题的概率之和也刚好为 1。

对于神经网络的输出 $y_1,y_2,\cdots,y_k$，首先对每一项都取指数，得到 $\mathrm{e}^{y_1},\mathrm{e}^{y_2},\cdots,\mathrm{e}^{y_k}$，再将每一项都除以它们的和，得

$$\frac{\mathrm{e}^{y_i}}{\sum_{j=1}^{k}\mathrm{e}^{y_j}}$$

图 5.7 清晰地给出了 Softmax 函数的计算过程。

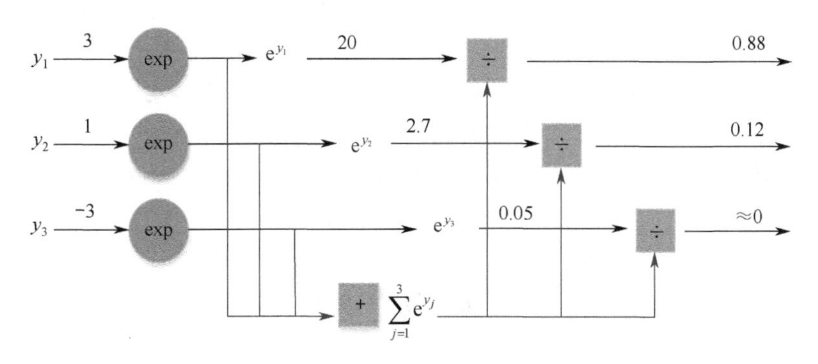

图 5.7　Softmax 函数的计算过程

可见，把 Softmax 函数作为输出层就可以得到分类的概率。下面来看看 Softmax 函数是如何实现手写数字分类的。

首先将图 5.8 中 8×8（单位为像素[pixel]，以下均省略此单位）的输入图片矩阵扩展成 64×1 的 Tensor，作为神经网络的输入，经过隐藏层的特征提取，最后在输出层使用 Softmax 函数，得到该图片被分类为 0～9 的概率分别为 $y_0,y_2,\cdots,y_9$。

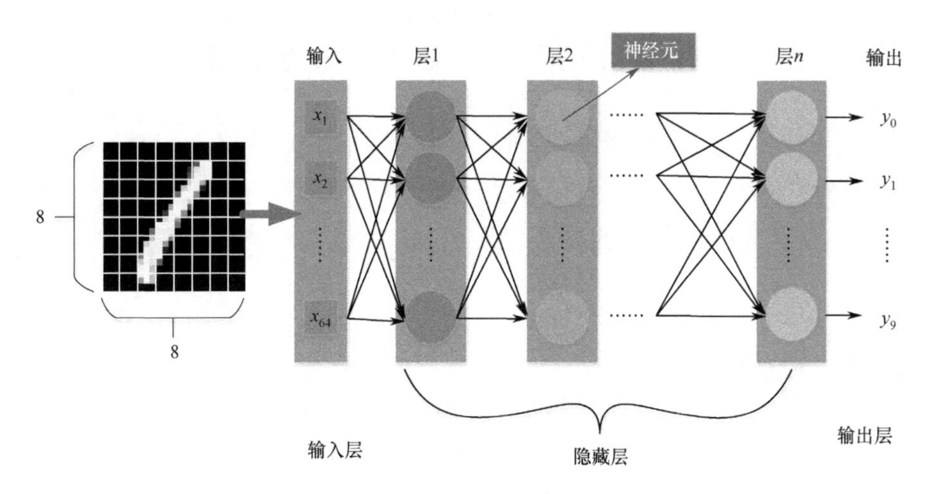

图 5.8　手写数字分类的神经网络示意图

现在得到的 $y_0,y_2,\cdots,y_9$ 分别代表输入图片被分到 10 个类别中每一类的概率，但神经网络计算出来的概率分布是否准确？这要靠标签来标识，靠损失函数来衡量。怎样衡量 Softmax 函数计算出的结果的准确性呢？我们使用交叉熵来计算。

交叉熵用于衡量两个概率分布之间的差别。交叉熵数值越小，两个概率分布越接近。概

率分布用于表述随机变量取值的概率规律，如(0.1, 0.5, 0.2, 0.1, 0.1)（每个类别的概率都在0～1之间且和为1）。若有两个概率分布 $p(x)$ 和 $q(x)$，它们的交叉熵为

$$H(p(x),q(x)) = -\sum p(x)\log q(x)$$ [①]

注意，$p(x)$ 和 $q(x)$ 互换位置后，交叉熵是不同的。

假设有一个三分类问题，某个样本的真实分类结果是(1, 0, 0)，某个模型经过 Softmax 函数之后的预测结果是(0.5, 0.4, 0.1)，那么它们的交叉熵为

$$H((1,0,0),(0.5,0.4,0.1)) = -(1\times\log 0.5 + 0\times\log 0.4 + 0\times\log 0.1) \approx 0.3$$

如果另一个模型的预测结果为(0.8, 0.1, 0.1)，则它们的交叉熵为

$$H((1,0,0),(0.8,0.1,0.1)) = -(1\times\log 0.8 + 0\times\log 0.1 + 0\times\log 0.1) \approx 0.1$$

由于0.1小于0.3，因此第二个模型要优于第一个。

在后面的代码实现中，我们将用交叉熵定义损失函数（criterion = nn.CrossEntropyLoss( )）。

5.4 反向传播算法

要优化模型，就需要计算出损失函数的梯度。如何有效地求解梯度呢？反向传播算法就是一个有效求解梯度的算法，它本质上是链式求导法则的应用。

5.4.1 链式求导法则

首先介绍链式求导法则，考虑下面这个简单的函数：

$$f = (x+y)z$$

当然，可以直接求出这个函数的导数，但是这里我们使用链式求导法则计算，令

$$q = x+y$$

那么

$$f = qz$$

对于这个式子，分别求 f 对 q 和 z 的导数，得

$$\frac{\partial f}{\partial q} = z,\ \frac{\partial f}{\partial z} = q$$

q 是 x 与 y 的和，所以能够得到

$$\frac{\partial q}{\partial x} = 1,\ \frac{\partial q}{\partial y} = 1$$

我们关心的是

$$\frac{\partial f}{\partial x},\ \frac{\partial f}{\partial y},\ \frac{\partial f}{\partial z}$$

用链式求导法则计算出它们的值，得

① 本书中，log表示以10为底的对数。

$$\frac{\partial f}{\partial x}=\frac{\partial f}{\partial q}\frac{\partial q}{\partial x}$$

$$\frac{\partial f}{\partial y}=\frac{\partial f}{\partial q}\frac{\partial q}{\partial y}$$

$$\frac{\partial f}{\partial z}=q$$

通过链式求导法则可知，如果要求函数对某个变量的导数，那么可以一层一层地求，然后将结果相乘，这就是反向传播算法的核心。

5.4.2　反向传播算法实例

了解了链式求导法则，就可以开始学习反向传播算法了。仍然用 5.4.1 节中的那个例子：

$$q=x+y\text{，}\quad f=qz$$

在一个计算图（计算图是用来描述运算的有向无环图）中，输入 $x=-2$，$y=5$，$z=-4$，如图 5.9 所示。

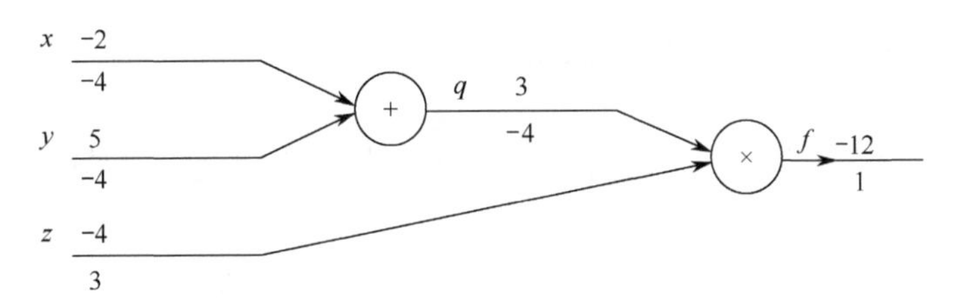

图 5.9　计算图

在图 5.9 中，直线上面的数字表示数值，下面的数字表示求出的梯度，首先从输出开始往前计算，输出的梯度是 1，然后计算

$$\frac{\partial f}{\partial q}=z=-4,\ \frac{\partial f}{\partial z}=q=3$$

接着计算

$$\frac{\partial f}{\partial x}=\frac{\partial f}{\partial q}\frac{\partial q}{\partial x}=-4\times 1=-4,\qquad \frac{\partial f}{\partial y}=\frac{\partial f}{\partial q}\frac{\partial q}{\partial y}=-4\times 1=-4$$

这样就求出

$$\nabla f(x,y,z)=\left(\frac{\partial f}{\partial x},\frac{\partial f}{\partial y},\frac{\partial f}{\partial z}\right)=\left(-4,-4,3\right)$$

从直观上看，反向传播算法的求解过程是一个“优雅”的局部过程，每次求导都是针对当前的运算进行的，求解每层网络的参数时，都是通过链式求导法则将前面的结果求出，并不断迭代到这一层的，所以称为“反向传播”。

5.4.3　Sigmoid 函数实例

下面我们通过 Sigmoid 函数来演示反向传播算法在一个复杂的函数上是如何应用的。

假设

$$f(\omega,x)=\frac{1}{1+\mathrm{e}^{-(\omega_0x_0+\omega_1x_1+\omega_2)}}$$

需要求出

$$\frac{\partial f}{\partial \omega_0},\ \frac{\partial f}{\partial \omega_1},\ \frac{\partial f}{\partial \omega_2}$$

首先将这个函数抽象成一个计算图，根据

$$f(x)=\frac{1}{x}$$

$$f_{\mathrm{c}}(x)=1+x$$

$$f_{\mathrm{e}}(x)=\mathrm{e}^x$$

$$f_{\omega}(x)=-(\omega_0x_0+\omega_1x_1+\omega_2)$$

能够画出图 5.10 所示的计算图。

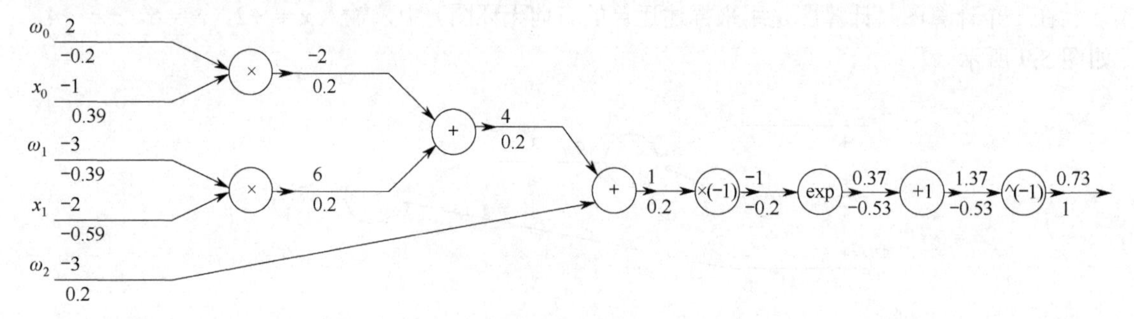

图 5.10 计算图

同样，在图 5.10 中，直线上面的数字表示数值，下面的数字表示梯度，我们从输出开始往前计算各参数的梯度。首先，输出的梯度是 1；然后经过 $\frac{1}{x}$ 函数，这个函数的导函数是 $-\frac{1}{x^2}$，所以往前传播的梯度是 $1\times\left(-\frac{1}{1.37^2}\right)=-0.53$；然后经过 $x+1$ 函数，梯度不变；接着经过 e^x 函数，梯度变为 $-0.53\times\mathrm{e}^{-1}=-0.2$；这样不断反向传播，就能够求得每个参数的梯度。

5.5 计算机视觉工具包 torchvision

计算机视觉是深度学习非常重要的一类应用，为了方便开发者应用，PyTorch 专门开发了一个视觉工具包 torchvision。

torchvision 主要包含以下三个部分。

1. models

models 提供深度学习中各种经典的神经网络架构及预训练模型，包括 AlexNet、VGG 系列、ResNet 系列、Inception 系列等。

例如，下面的代码实现了加载预训练模型 ResNet34（如果不存在会自动下载），预训练模型保存在/.torch/models/下。对加载的预训练模型，读者还可以根据自己的需要进行修改。

```
from torchvision import models
from torch import nn
#加载预训练模型
resnet34 = models.resnet34(pretrained=True,num_classes=1000)
#修改最后的全连接层，改为 100 分类问题（默认为 ImageNet 上的 1000 分类问题）
resnet34.fc = nn.Linear(512,100)
```

2. datasets

datasets 提供常用的数据集，数据集在设计上继承 torch.utils.data.Dataset，主要包括 MNIST、CIFAR 10/100、ImageNet、COCO 等。

例如，下面的代码实现了加载数据集 MNIST。

```
from torchvision import datasets
#指定数据集路径为 data，如果数据集不存在，则自动下载
train_dataset = datasets.MNIST(root='./data', train=True, transform=data_tf, download=True)
test_dataset = datasets.MNIST(root='./data', train=False, transform=data_tf)
```

3. transforms

transforms 提供常用的图像预处理函数，主要包括对 Tensor 及 PIL Image（PIL：Python Image Library，Python 图像库）对象的操作。

对 Tensor 对象的操作包括：

（1）Normalize( )：标准化（减去均值后除以标准差）。

（2）ToPILImage( )：将 Tensor 对象转换为 PIL Image 对象。

对 PIL Image 对象的操作包括：

（1）Scale( )：调整图片尺寸，长宽比保持不变。

（2）CenterCrop( )、RandomCrop( )、RandomResizedCrop( )：裁剪图片。

（3）Pad( )：填充图片。

（4）ToTensor( )：将 PIL Image 对象转换成 Tensor 对象，会自动将[0, 255]归一化至[0, 1]。

如果要进行多个操作，可通过 Compose( )函数将这些操作拼接起来，其类似于 nn.Sequential( )函数。注意，这些操作以函数的形式存在，真正使用时需要调用它的__call__方法，这点类似于 nn.Module( )函数。

Compose( )函数的示例代码如下。

```
from torchvision import transforms as T
transform = T.Compose([
    T.Resize(128),            #缩放图片(Image)，保持长宽比不变，最短边长度为 128 像素
    T.CenterCrop(128),        #从图片中间切出 128*128 的图片
    T.ToTensor( ),            #将图片(Image)转换成 Tensor，归一化至[0, 1]，数组->Tensor
    T.Normalize(mean=[.8, .8, .8], std=[.8, .8, .8])  #标准化至[-1, 1]，规定每个通道的均值和标准差
])
```

torchvision 还提供了两个常用的函数。一个是 make_grid( )，它能将多张图片拼接在一个网格中；另一个是 save_img( )，它能将 Tensor 保存成图片。

make_grid( )函数的示例代码如下。

```
dataloader = DataLoader(dataset, shuffle=True, batch_size=16)
from torchvision.utils import make_grid, save_image
dataiter = iter(dataloader)
img = make_grid(next(dataiter)[0], 4) #拼接成 4*4 的网格图片，且转换为 3 通道
to_img(img)
```

save_img( )函数的示例代码如下。

```
save_image(img, 'a.png')
Image.open('a.png')
```

5.6 全连接神经网络实现多分类

5.6.1 定义全连接神经网络

在 PyTorch 中，可以很简单地定义三层全连接神经网络。

定义三层全连接神经网络需要的参数包括输入的维度、第一层网络的神经元个数、第二层网络的神经元个数及第三层网络（输出层）的神经元个数。

我们从最简单的网络建起，然后建立一个包含激励函数的网络，最后建立一个包含批标准化函数的网络。

首先，建立最简单的网络，将其命名为 simpleNet。

```
from torch import nn
class simpleNet(nn.Module):
    #定义一个最简单的三层全连接神经网络，每一层都是线性的
    def __init__(self, in_dim, n_hidden_1, n_hidden_2, out_dim):
        super(simpleNet, self).__init__()
        self.layer1 = nn.Linear(in_dim, n_hidden_1)
        self.layer2 = nn.Linear(n_hidden_1, n_hidden_2)
        self.layer3 = nn.Linear(n_hidden_2, out_dim)
    def forward(self, x):
        x = self.layer1(x)
        x = self.layer2(x)
        x = self.layer3(x)
        return x
```

接着，改进一下 simpleNet 网络，添加激励函数，增强网络的非线性，将新网络命名为 Activation_Net。激励函数的选择有很多，这里选择 ReLU( )函数。

```
from torch import nn
```

```
class Activation_Net(nn.Module):
    #在上面的 simpleNet 网络的基础上，在每层的输出部分添加激励函数
    def __init__(self, in_dim, n_hidden_1, n_hidden_2, out_dim):
        super(Activation_Net, self).__init__( )
        self.layer1 = nn.Sequential(nn.Linear(in_dim, n_hidden_1), nn.ReLU(True))
        self.layer2 = nn.Sequential(nn.Linear(n_hidden_1, n_hidden_2), nn.ReLU(True))
        self.layer3 = nn.Sequential(nn.Linear(n_hidden_2, out_dim))
        #这里的 nn.Sequential( )函数的功能是将网络的层组合到一起
    def forward(self, x):
        x = self.layer1(x)
        x = self.layer2(x)
        x = self.layer3(x)
        return x
```

上述代码在每层（除输出层）的输出部分添加了激励函数，最后还用到了 nn.Sequential( )函数，这个函数将 nn.Linear( )函数和 nn.ReLU( )函数组合到一起作为 self.layer。注意，输出层不能有激励函数，因为输出结果表示实际的预测值。

最后，增加一个加快收敛速度的函数——批标准化函数，将新网络命名为 Batch_Net。

```
from torch import nn
class Batch_Net(nn.Module):
    #在上面的 Activation_Net 网络的基础上，增加一个加快收敛速度的函数——批标准化函数
    def __init__(self, in_dim, n_hidden_1, n_hidden_2, out_dim):
        super(Batch_Net, self).__init__( )
        self.layer1 = nn.Sequential(nn.Linear(in_dim, n_hidden_1), nn.BatchNorm1d(n_hidden_1),
                                    nn.ReLU(True))
        self.layer2 = nn.Sequential(nn.Linear(n_hidden_1, n_hidden_2), nn.BatchNorm1d(n_hidden_2),
                                    nn.ReLU(True))
        self.layer3 = nn.Sequential(nn.Linear(n_hidden_2, out_dim))
    def forward(self, x):
        x = self.layer1(x)
        x = self.layer2(x)
        x = self.layer3(x)
        return x
```

上面的代码同样使用 nn.Sequential( )函数将 nn.BatchNormld( )函数组合进了网络中，注意，批标准化函数一般放在激励函数的前面。

5.6.2　全连接神经网络识别 MNIST 手写数字

首先介绍一下 MNIST 数据集。MNIST 数据集是一个非常有名的数据集，来自美国国家标准与技术研究所（National Institute of Standards and Technology，NIST），基本上很多神经网络都将其作为测试的标准。MNIST 数据集中的训练集由来自 250 个人的手写数字图片构

成，这些人中 50%是高中学生，50%是人口普查局的工作人员，共有 60 000 张图片。测试集也包含同样比例的手写数字图片，共有 10 000 张。图 5.11 所示的是 MNIST 数据集中的一些手写数字图片。

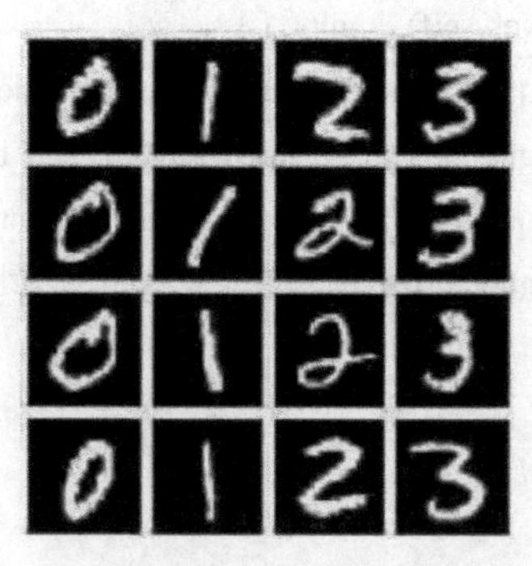

图 5.11 MNIST 数据集中的一些手写数字图片

全连接神经网络的任务是输入一张图片，输出其属于 0～9 这 10 个数字中的哪一个。用 MNIST 数据集训练全连接神经网络并测试结果的步骤如下。

第一步：导入包、定义超参数。超参数包括训练时每次输入多少张图片（batch_size）、学习率（learning_rate）、迭代次数（num_epoches）等。

```
import torch
from torch import nn, optim
from torch.autograd import Variable
from torch.utils.data import DataLoader
from torchvision import datasets, transforms
batch_size = 64
learning_rate = 0.02
num_epoches = 100
```

第二步：建立带有激励函数和批标准化函数的网络。

```
class Batch_Net(nn.Module)
    def __init__(self, in_dim, n_hidden_1, n_hidden_2, out_dim):
        super(Batch_Net, self).__init__( )
        self.layer1 = nn.Sequential(nn.Linear(in_dim, n_hidden_1), nn.BatchNorm1d(n_hidden_1),
                                    nn.ReLU(True))
        self.layer2 = nn.Sequential(nn.Linear(n_hidden_1, n_hidden_2), nn.BatchNorm1d(n_hidden_2),
                                    nn.ReLU(True))
        self.layer3 = nn.Sequential(nn.Linear(n_hidden_2, out_dim))
    def forward(self, x):
        x = self.layer1(x)
        x = self.layer2(x)
        x = self.layer3(x)
        return x
```

第三步： 对数据进行标准化预处理。

这里使用两个函数，一个是 transforms.ToTensor( )，将图片转换成 PyTorch 中的 Tensor 对象，并且进行归一化（0～1 之间）处理；另一个是 transforms.Normalize( )，进行标准化处理，它有两个参数，分别是均值和标准差，如 transforms.Normalize([0.5], [0.5])表示将数据减去 0.5 后再除以 0.5，这样将数据转化到-1～1 之间。注意，因为输入的图片是灰度图片，所以只有 1 个通道。如果输入的图片是彩色图片，则有 3 个通道。

然后用 transforms.Compose( )函数将各种预处理的操作组合到一起。

```
data_tf = transforms.Compose([transforms.ToTensor( ), transforms.Normalize([0.5], [0.5])])
```

第四步： 导入 MNIST 数据集。

```
train_dataset = datasets.MNIST(root='./data', train=True, transform=data_tf, download=True)
test_dataset = datasets.MNIST(root='./data', train=False, transform=data_tf)
train_loader = DataLoader(train_dataset, batch_size=batch_size, shuffle=True)
test_loader = DataLoader(test_dataset, batch_size=batch_size, shuffle=False)
```

通过 PyTorch 内置函数 torchvision. datasets.MNIST 导入数据集。参数说明如下。

（1）root = './data'：程序会自动在当前目录下建立一个文件夹 data，里面有 MNIST 文件夹，打开后会看到 processed 文件夹，里面存放两个文件：training.pt 和 test.pt。training.pt 用于存放训练集，test.pt 用于存放测试集。

（2）train = True/False：train 可以取 True 或 False 两个值，True 表示数据集作为训练集，False 表示数据集作为测试集。

（3）transform = data_tf：接受将 PIL Image 对象转换成 Tensor 对象。

（4）download = True/False：如果 download 为 True，则数据集从 Internet 上下载；如果 download 为 False，则数据集不从 Internet 上下载。

（5）shuffle = True/False：表示每次迭代数据时是否将数据打乱，True 表示打乱，False 表示不打乱。

接着，使用 torch.utils.data.DataLoader 建立一个数据迭代器，传入数据集和 batch_size。

第五步： 导入神经网络模型，定义损失函数和优化函数。

```
model = Batch_Net(28*28, 300, 100, 10)
#定义损失函数和优化函数
criterion = nn.CrossEntropyLoss( )
optimizer = optim.SGD(model.parameters( ), lr=learning_rate)
```

model 中输入的参数 28*28 表示输入图片的大小，而后定义两个参数 300,100 表示隐藏层数量分别是 300 和 100，最后的参数 10 表示最终输出结果为 0～9 这 10 个数字中的一个，也就是分类的类别数。

第六步： 训练模型。

```
epoch = 0
for data in train_loader:
    img, label = data
    img = img.view(img.size(0), -1)
    #这段程序以后读者会经常看到，其含义是如果有 GPU，则使用
```

```
    if torch.cuda.is_available( ):
        img = img.cuda( )
        label = label.cuda( )
    else:
        img = Variable(img)
        label = Variable(label)
    out = model(img)
    loss = criterion(out, label)
    print_loss = loss.data.item( )
    optimizer.zero_grad( )
    loss.backward( )
    optimizer.step( )
    epoch+=1
    if epoch%100 == 0:
        print('epoch: {}, loss: {:.4}'.format(epoch, loss.data.item( )))
```

第七步： 测试模型。

```
model.eval( )
eval_loss = 0
eval_acc = 0
for data in test_loader:
    img, label = data
    img = img.view(img.size(0), -1)
    if torch.cuda.is_available( ):
        img = img.cuda( )
        label = label.cuda( )
    out = model(img)
    loss = criterion(out, label)
    eval_loss += loss.data.item( )*label.size(0)
    _, pred = torch.max(out, 1)
    num_correct = (pred == label).sum( )
    eval_acc += num_correct.item( )
print('Test loss: {:.6f}, Acc: {:.6f}'.format(
    eval_loss / (len(test_dataset)),
    eval_acc / (len(test_dataset))
))
```

程序运行结果如下：

```
epoch: 100, loss: 0.5478
epoch: 200, loss: 0.4439
epoch: 300, loss: 0.2936
epoch: 400, loss: 0.311
```

```
epoch: 500, loss: 0.2003
epoch: 600, loss: 0.3013
epoch: 700, loss: 0.194
epoch: 800, loss: 0.1538
epoch: 900, loss: 0.1254
Test loss: 0.141032, Acc: 0.961800
```

从程序运行结果来看，loss 为 0.141032，准确率为 96.18%。

本章小结

本章介绍了如何用全连接神经网络实现多分类。反向传播算法是全连接神经网络的基石。本章通过交叉熵衡量损失函数，通过反向传播算法求解梯度并不断优化模型，通过在输出层设置 Softmax 函数实现多分类。本章还介绍了 PyTorch 中非常重要的计算机视觉工具包 torchvision，最后用一个带有批标准化函数、激励函数的三层全连接神经网络完成了对 MNIST 数据集的分类。

习　题

1．填空题

（1）图 5.12 所示的网络有______层，有______个隐藏层，输入层有_____个神经元，输出层有_____个神经元。

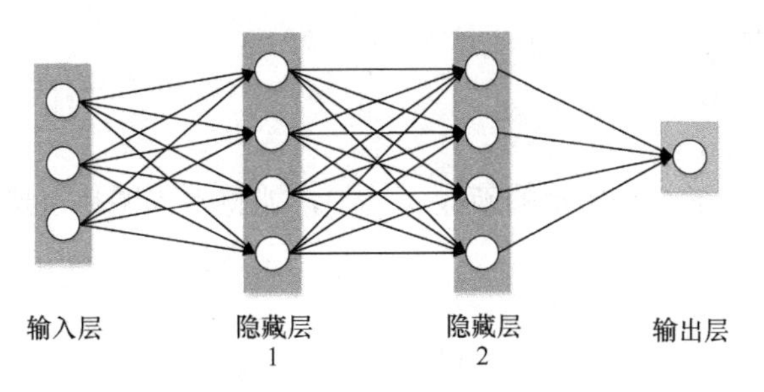

图 5.12　填空题第（1）题图

（2）通过 PyTorch 内置函数 torchvision.datasets.MNIST 导入数据集。里面的参数 download = True，代表____________________。

（3）Softmax 函数又称____________函数。它是二分类函数 Sigmoid 在多分类上的推广，目的是______________________________。

（4）transforms.ToTensor( )函数用于将图片转换成 PyTorch 中的 Tensor 对象，并且进

行______________。

（5）交叉熵用于衡量两个____________之间的差别。

2．选择题

（1）下面给出的模型中，哪个是全连接神经网络？（　　）

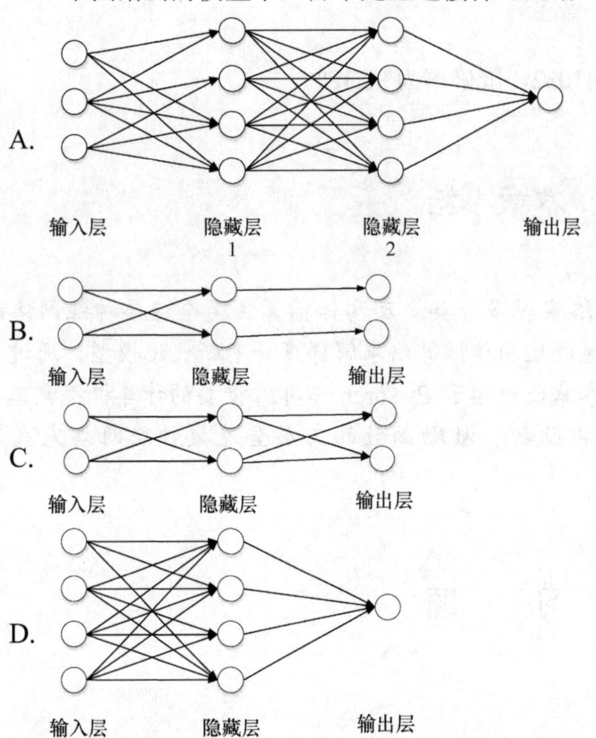

（2）以下不是 torchvision 中的一部分的是（　　）。

A. torchvision.datasets

B. torchvision.models

C. torchvision.transforms

D. torchvision.matplotlib

（3）torchvision 提供了一个常用的函数（　　），能将多张图片拼接在一个网格中。

A. make_grid( )

B. make_gether( )

C. gether_grid( )

D. made_grid( )

（4）对 PIL Image 对象的操作不包括（　　）。

A. 调整图片尺寸

B. 填充图片

C. 将 PIL Image 对象转换成 Tensor

D. 格式化

（5）torchvision 提供的 save_img( )函数的作用是（　　）。

A. 将多张图片拼接在一个网格中
B. 将 Tensor 保存成图片
C. 把图片保存成 NumPy 数据
D. 将 Tensor 保存成 NumPy 数据

3. 简答题

（1）在 5.2 节的图 5.6 中，若输入$\begin{bmatrix} x_1 \\ x_2 \end{bmatrix}=\begin{bmatrix} 0 \\ 0 \end{bmatrix}$，则输出值是多少？

（2）全连接神经网络的构建准则是什么？

实　　验

设计一个五层全连接神经网络，实现给 MNIST 数据集分类。其中：

batch_size=32,learning_rate=0.01,epochs=100,input_size=28*28,hidden_size1=400,hidden_size2=300, hidden_size3=200,hidden_size4=100。

隐藏层中要带有激励函数 ReLU( )和批标准化函数。

第 6 章　卷积神经网络

导读

随着神经网络的进化和发展，开发者慢慢也发现了一些神经网络的局限性，所以开始设计神经元的一些新的逻辑结构或者连接方式。卷积神经网络就是一种很成功的尝试，而且这一尝试一经开展，便一发不可收拾。到目前为止，绝大多数在模式识别应用中表现得非常好的神经网络都在一定程度上借鉴了卷积神经网络的关键部分，本章我们就来学习卷积神经网络。

6.1 前馈神经网络

深度前馈神经网络（Deep Feedforward Neural Network，DFNN）也称前馈神经网络，有人还将其称为多层感知器（Multi-Layer Perceptron，MLP）。但是多层感知器的叫法并不准确，因为前馈神经网络其实是由多层逻辑回归模型（连续的非线性模型）组成的，而不是由多层感知机模型（非连续的非线性模型）组成的。

前馈神经网络是大多数深度学习模型的基础，耳熟能详的卷积神经网络（Convolutional Neural Network，CNN）和循环神经网络（Recurrent Neural Network，RNN）都是前馈神经网络的一种。在前馈神经网络中，不同的神经元属于不同的层，每一层的神经元可以接收上一层的神经元信号，并产生信号输出到下一层。第 0 层称为输入层，最后一层称为输出层，中间层称为隐藏层，整个网络中无反馈，信号从输入层到输出层单向传播，可用一个有向无环图表示。

前馈神经网络的目标是近似某个函数 $f^*(x)$。例如，分类器 $y = f^*(x)$ 将输入 x 映射到一个类别 y。前馈神经网络定义了一个映射 $y = f(x;\theta)$，并且学习参数 θ 的值，使它能够得到最佳的函数近似。

前馈神经网络是如何被提出的呢？

全连接神经网络在其发展过程中受到了计算机硬件的制约。20 世纪 80 年代，人们提出全连接神经网络时，计算机 CPU 还是 Intel 80286、Intel 80386 的时代，CPU 的处理能力较差，计算机内存也很小。那么一个很小的神经网络需要多少计算机资源呢？

例如，在第 5 章的实验中，我们设计了一个五层全连接神经网络，实现给 MNIST 数据集分类。输入层有 784（28 × 28 的图片）个元素，四个隐藏层分别有 400、300、200、100 个神经元，输出层包括 10 个手写数字的类别。要表达这样一个很小的神经网络需要的权重个数约为 520 200（784 × 400 + 400 × 300 + 300 × 200 + 200 × 100 + 100 × 10 = 520 200）个。如果每个权重用 4 字节的浮点数表示，这些权重会占用 2 080 800 字节，约 1.98MB，超出了那时很多计算机内存的大小。

于是，人们开始考虑能否将全连接神经网络的连接方式加以改变，前馈神经网络应运而生。卷积神经网络是一类包含卷积计算且具有深度结构的前馈神经网络，是深度学习中的代表模型之一。卷积神经网络具有表征学习能力，能够按其阶层结构对输入信息进行平移不变分类（Shift-Invariant Classification），因此也被称为平移不变人工神经网络（Shift-Invariant Artificial Neural Network，SIANN）。

表征学习也称特征学习，关注自动找出表示数据的合适方式，以便更好地将输入变换为正确的输出。

卷积神经网络成功的原因在于其采用的局部连接和权值共享的方式，一方面减少了权值的数量，使得网络易于优化，另一方面降低了模型的复杂度，也就是减小了过拟合的风险。卷积神经网络在大型图像处理中有出色表现。

【小知识】

过拟合（Overfitting）是指为了得到一致假设而使假设变得过度严格。体现在训练过程中即模型在训练集上表现非常好，但在测试集上表现较差，拟合过度，模型的泛化能力太强。产生过拟合问题的原因往往是训练数据太少（无法覆盖所有的特征学习，换句话说，也可以视为特征太多）。

图 6.1 从网络结构上对比了全连接神经网络和卷积神经网络。左边的全连接神经网络是平面结构，右边的卷积神经网络是立体结构，也就是神经元是以三个维度排列的：宽度、高度和深度。卷积神经网络通常包括输入层、卷积层、池化层、全连接层。

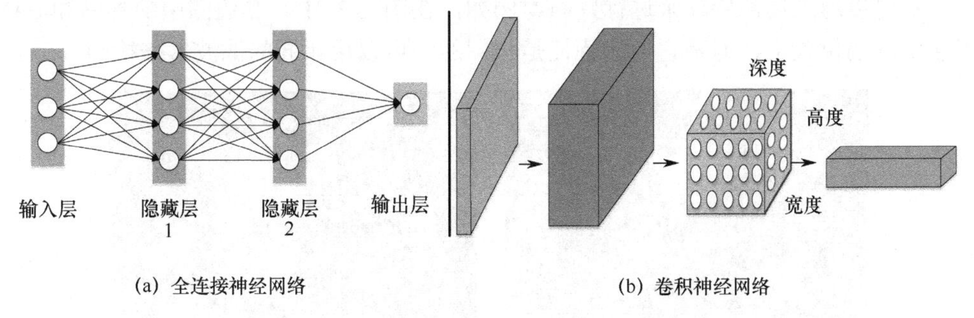

(a) 全连接神经网络　　(b) 卷积神经网络

图 6.1　全连接神经网络和卷积神经网络对比图

6.2　卷积神经网络的原理

卷积神经网络的提出离不开对大脑认知原理的研究，尤其是对视觉原理的研究。1981

年的诺贝尔医学奖颁发给了 David Hubel、Torsten Wiesel 和 Roger Sperry，前两位的主要贡献是发现了“视觉系统的信息处理”，他们提出的人类视觉原理如下：原始信号摄入（例如，瞳孔摄入像素）—做初步处理（例如，大脑皮层某些细胞发现边缘和方向）—抽象（例如，大脑判定眼前的物体的形状是圆形的）—进一步抽象（例如，大脑进一步判定该物体是气球）。

于是科学家提出模仿人类大脑的这个特点构造多层神经网络，较低层的识别初级的特征，若干低层特征组成更高层的特征，最终通过多个层级的组合，在顶层做出分类。这就是许多深度学习模型（包括卷积神经网络）的灵感来源。

具体来说，卷积神经网络遵循的三个基本准则如下。

1．局部性

局部性是指通过检测图片中的局部特征来决定图片的类别。例如，要检测图 6.2 左边的图片中是不是鸟，通常会检测“是否有鸟嘴”这个特征。

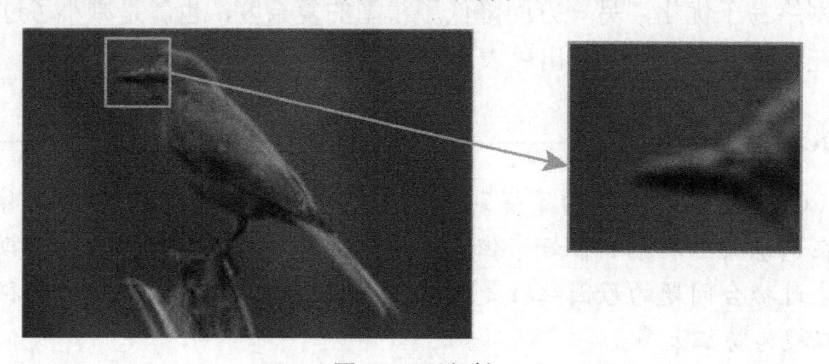

图 6.2 局部性

2．相同性

相同性是指检测不同的图片是否具有相同的特征，虽然这些特征可能会出现在不同的位置上。仍然可以通过局部特征来进行判断，例如，在图 6.3 中，左边图中的鸟嘴和右边图中的鸟嘴在不同的位置上，但是它们的特征是相同的，可以用相同的滤波器来检验。

图 6.3 相同性

3．不变性

不变性是指对一张图片进行下采样时（对于一个样值序列，间隔几个样值取样一次，这样得到的新序列就是原序列的下采样），图片的性质基本保持不变。例如，在图 6.4 中，对左边的图进行下采样后形成右边的图。右边的图的大小虽然有所减小，但特征依然清晰可见。

图 6.4　不变性举例

基于以上三个准则，典型的卷积神经网络至少由四个部分构成：输入层、卷积层、池化层、全连接层。卷积层负责提取图片的局部特征；池化层用于大幅降低参数量级（降维）；全连接层类似传统神经网络，用来输出预测的结果。

6.2.1　卷积层

当给定一张新图片时，卷积神经网络并不能准确地知道这些特征到底要匹配原图的哪些部分，所以它会在原图中的每个可能的位置都进行尝试，相当于把这个特征变成了一个滤波器（也称为卷积核）。这个用来匹配的过程就称为卷积，这也是卷积神经网络名字的由来。与全连接神经网络不同的是，卷积神经网络中的每个神经元只与输入数据的一个局部区域连接，因为滤波器提取到的是局部特征。与神经元连接的空间大小（即感受视野的大小，其实就是滤波器的宽度和高度）是需要人工设置的。

在卷积层中要设置的参数如下。

1. 滤波器的宽度和高度

每个滤波器的工作就是在输入数据中寻找一种特征，每个滤波器的宽度和高度都比较小，但是深度和输入数据的深度保持一致。

2. 步长

步长表示滤波器每次移动的距离。例如，当步长为 1 时，滤波器每次会移动 1 个像素点的距离。步长的设置是有限制的，需要保持输出是一个整数。

3. 边界填充

卷积运算会使卷积图片的大小不断变小，且由于图片左上角的元素只被一个输出使用，所以在图片边缘的像素，在输出中会被较少地采用，也就意味着很多图片边缘的信息被丢掉了。为了解决这两个问题，引入了边界填充（padding）操作，也就是在图片卷积操作之前，沿着图片边缘用 0 进行边界填充。当步长等于 1 时，使用 0 填充能够使输入和输出的数据具有相同的空间尺寸。

设输入图片的尺寸为 $w_{\mathrm{i}} \times h_{\mathrm{i}} \times d_{\mathrm{i}}$，步长为 s，边界填充的大小为 p，滤波器尺寸为 $f \times f$，则输出图片的尺寸为 $w_{\mathrm{o}} \times h_{\mathrm{o}} \times d_{\mathrm{o}}$。

其计算公式如下：

$$w_o = \frac{w_i - f + 2 \times p}{s} + 1$$

$$h_o = \frac{h_i - f + 2 \times p}{s} + 1$$

$$d_o = d_i$$

当输入图片的尺寸为$5 \times 5 \times 3$，滤波器尺寸为3×3，步长为 1，边界填充的大小为 0 时，可以计算出输出图片的尺寸为$3 \times 3 \times 3$。

卷积就是做滤波器和输入图片的矩阵内积操作，单个通道的卷积过程如图 6.5 所示。

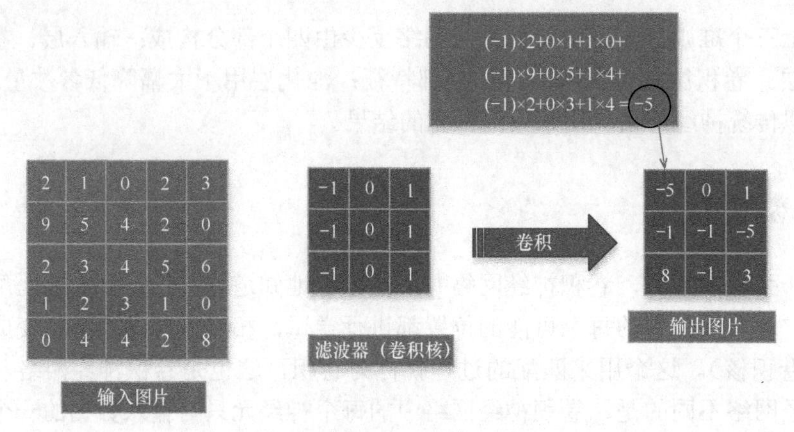

图 6.5 单个通道的卷积过程

在卷积层使用参数共享可以有效地减少参数的个数，参数之所以能够共享，是因为特征的相同性，即一个特征在不同位置的表现是相同的。参数共享包括共享滤波器和共享权重向量等。

卷积在 PyTorch 中通常采用 torch.nn.Conv2d( )函数实现。首先需要输入一个 torch.autograd.Variable 类型的变量，其大小是(batch, channel, H, W)，其中 batch 表示输入图片的数量；channel 表示输入图片的通道数，一般彩色图片的通道数是 3，灰度图片的通道数是 1，而卷积过程中的通道数比较大，会出现几十到几百个通道；H 和 W 表示输入图片的高度和宽度，例如，输入 32 张彩色图片，图片的高度和宽度分别是 50 和 100，那么输入变量的大小就是 (32, 3, 50, 100)。

【例 6.1】卷积层的代码实现。

```
import numpy as np
import torch
from torch import nn
from torch.autograd import Variable
from PIL import Image
import matplotlib.pyplot as plt
import pylab
im = Image.open('./dog.jpg').convert('L') #读入一张灰度图片
im = np.array(im, dtype='float32') #将其转换为一个矩阵
```

```
#可视化图片
plt.imshow(im.astype('uint8'), cmap='gray')
pylab.show( )
#将图片矩阵转换为 PyTorch 中的 Tensor，并适配卷积输入的要求
im = torch.from_numpy(im.reshape((1, 1, im.shape[0], im.shape[1])))
#使用 nn.Conv2d( )函数
conv1 = nn.Conv2d(1, 1, 3, bias=False) #定义卷积
sobel_kernel = np.array([[-1, -1, -1], [-1, 8, -1], [-1, -1, -1]], dtype='float32') #定义轮廓检测算子
sobel_kernel = sobel_kernel.reshape((1, 1, 3, 3)) #适配卷积的输入/输出
conv1.weight.data = torch.from_numpy(sobel_kernel) #给卷积的卷积核赋值
edge1 = conv1(Variable(im)) #作用在图片上
edge1 = edge1.data.squeeze( ).numpy( ) #将输出转换为图片的格式
plt.imshow(edge1, cmap='gray')
pylab.show( )
```

程序运行后，先显示原图，如图 6.6 所示。关闭图片后程序才能继续运行，显示图 6.7，为卷积后的图片。

图 6.6　原图

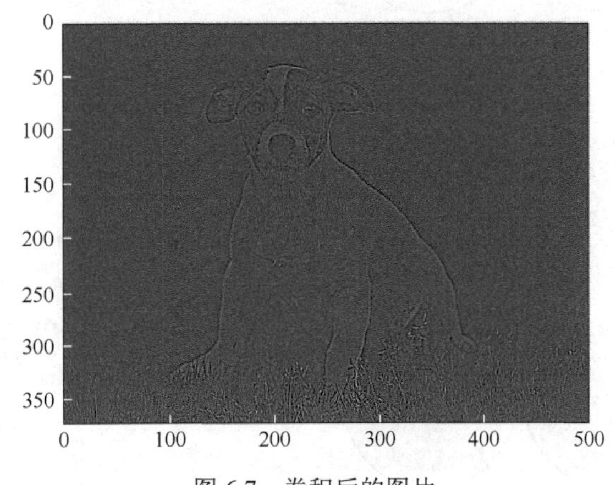

图 6.7　卷积后的图片

6.2.2 池化层

池化层和卷积层一样，也是针对局部区域进行处理的。池化层采用一个空间窗口（滤波器），通常取这些空间窗口中的最大值/加权平均值作为输出的结果，然后不断滑动窗口，对输入图片的每个卷积操作结果进行单独处理，减小其尺寸空间。池化层的作用如下。

1．特征降维，避免过拟合

经过卷积操作的图片会含有非常多的特征，所以需要通过池化层对特征进行降维处理，池化处理也称为下采样。

2．空间不变性

池化层能在图片空间变化（旋转、压缩、平移）时而保证其特征不变。例如，一张小狗的照片，像素清晰时小狗会很清晰，对图片进行压缩后，虽然小狗变小了，但是仍然可以看出图片中是一只小狗，且其主要的特征都没有变。

3．减少参数，降低训练难度

池化处理一般分为最大池化（max-pooling）、平均池化（mean-pooling）两种。最大池化就是在池化空间窗口内取最大值，平均池化就是在池化空间窗口内取加权平均值。

下面用图 6.8 和图 6.9 说明两种不同的池化处理过程。

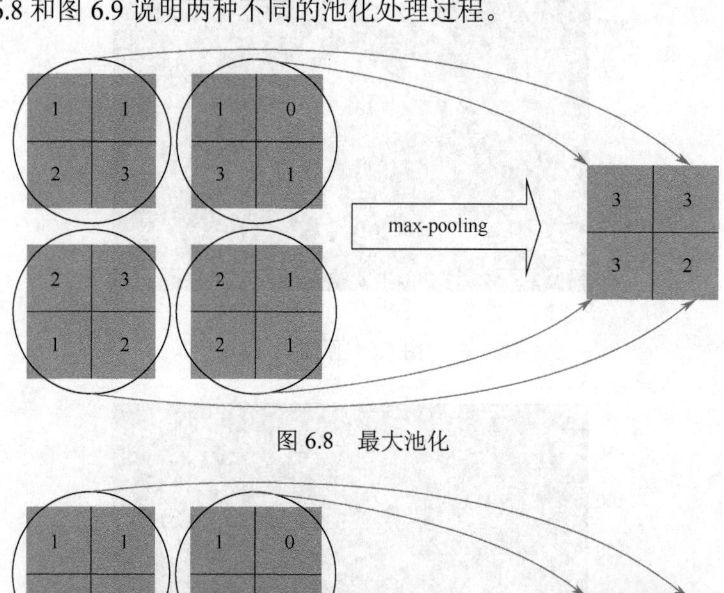

图 6.8　最大池化

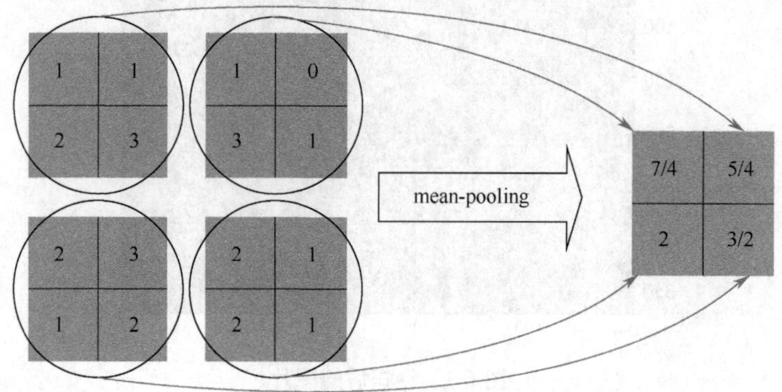

图 6.9　平均池化

在 PyTorch 中常用 nn.MaxPool2d( )函数实现最大池化处理，该函数对于输入图片的要求与 torch.nn.Conv2d( )函数相同。

【例 6.2】nn.MaxPool2d( )函数的使用。

```
import numpy as np
import torch
from torch import nn
from torch.autograd import Variable
from PIL import Image
import matplotlib.pyplot as plt
import pylab
im = Image.open('./dog.jpg').convert('L') #读入一张灰度图片
im = np.array(im, dtype='float32') #将其转换为一个矩阵
#可视化图片
plt.imshow(im.astype('uint8'), cmap='gray')
pylab.show( )
#将图片矩阵转换为 PyTorch 中的 Tensor，并适配卷积输入的要求
im = torch.from_numpy(im.reshape((1, 1, im.shape[0], im.shape[1])))
pool1 = nn.MaxPool2d(2, 2)
print('before max pool, image shape: {} x {}'.format(im.shape[2], im.shape[3]))
small_im1 = pool1(Variable(im))
small_im1 = small_im1.data.squeeze( ).numpy( )
print('after max pool, image shape: {} x {}'.format(small_im1.shape[0], small_im1.shape[1]))
plt.imshow(small_im1, cmap='gray')
pylab.show( )
```

程序运行后，先显示原图，如图 6.10 所示，图片的尺寸是 375 × 500。关闭图片后程序才能继续运行，显示图 6.11，为池化后的图片，图片的尺寸是 187 × 250。

图 6.10　原图

图 6.11 池化后的图片

从图 6.10 和图 6.11 可见，池化后的图片仍然清晰。

6.3 卷积神经网络的代码实现

下面给出用一个具有三个卷积层、一个池化层、一个全连接层的卷积神经网络给 MNIST 数据集分类的示例。

代码如下：

```
import torch
from torch import nn, optim
from torch.autograd import Variable
from torch.utils.data import DataLoader
from torchvision import datasets, transforms
#定义一些超参数
batch_size = 64
learning_rate = 0.02
num_epoches = 20

"""数据预处理。transforms.ToTensor( )函数将图片转换成 PyTorch 中的 Tensor，并且进行归一化（0～1 之间）"""
"""transforms.Normalize( )函数做标准化。它进行了减均值，再除以标准差的操作。函数的两个参数分别是均值和标准差"""
"""transforms.Compose( )函数将各种预处理的操作组合到一起"""
data_tf = transforms.Compose(
    [transforms.ToTensor( ),
     transforms.Normalize([0.5], [0.5])])
```

```
#数据集的下载
train_dataset = datasets.MNIST(r'.\data', train=True, transform=data_tf, download=True)
test_dataset = datasets.MNIST(r'.\data', train=False, transform=data_tf)
train_loader = DataLoader(train_dataset, batch_size=batch_size, shuffle=True)
test_loader = DataLoader(test_dataset, batch_size=batch_size, shuffle=False)

class CNN(nn.Module):
    def __init__(self):
        super(CNN, self).__init__( )
        self.layer1 = nn.Sequential(
            nn.Conv2d(1, 25, kernel_size=3),
            nn.BatchNorm2d(25),
            nn.ReLU(inplace=True)
        )

        self.layer2 = nn.Sequential(
            nn.MaxPool2d(kernel_size=2, stride=2)
        )

        self.layer3 = nn.Sequential(
            nn.Conv2d(25, 50, kernel_size=3),
            nn.BatchNorm2d(50),
            nn.ReLU(inplace=True)
        )

        self.layer4 = nn.Sequential(
            nn.MaxPool2d(kernel_size=2, stride=2)
        )

        self.fc = nn.Sequential(
            nn.Linear(50 * 5 * 5, 1024),
            nn.ReLU(inplace=True),
            nn.Linear(1024, 128),
            nn.ReLU(inplace=True),
            nn.Linear(128, 10)
        )

    def forward(self, x):
        x = self.layer1(x)
        x = self.layer2(x)
        x = self.layer3(x)
```

```
        x = self.layer4(x)
        x = x.view(x.size(0), -1)
        x = self.fc(x)
        return x
#实例化模型
model = CNN( )
#如果有 GPU，就把模型移到 GPU 上去
if torch.cuda.is_available( ):
    model = model.cuda( )

#定义损失函数和优化函数
criterion = nn.CrossEntropyLoss( )
optimizer = optim.SGD(model.parameters( ), lr=learning_rate)

#训练模型
epoch = 0
for data in train_loader:
    img, label = data
    img = Variable(img)
    if torch.cuda.is_available( ):
        img = img.cuda( )
        label = label.cuda( )
    else:
        img = Variable(img)
        label = Variable(label)
    out = model(img)
    loss = criterion(out, label)
    print_loss = loss.data.item( )

    optimizer.zero_grad( )
    loss.backward( )
    optimizer.step( )
    epoch+=1
    if epoch%50 == 0:
        print('epoch: {}, loss: {:.4}'.format(epoch, loss.data.item( )))

#测试模型
model.eval( )
eval_loss = 0
eval_acc = 0
for data in test_loader:
    img, label = data
```

```
        img = Variable(img)
        if torch.cuda.is_available( ):
            img = img.cuda( )
            label = label.cuda( )

        out = model(img)
        loss = criterion(out, label)
        eval_loss += loss.data.item( )*label.size(0)
        _,pred = torch.max(out, 1)
        num_correct = (pred == label).sum( )
        eval_acc += num_correct.item( )
        print('Test loss: {:.6f}, Acc: {:.6f}'.format(
        eval_loss / (len(test_dataset)),
        eval_acc / (len(test_dataset))
    ))
```

运行程序，得到 97.57%的准确率。

从 6.4 节开始，本书将介绍一些经典的卷积神经网络。

6.4　LeNet-5 模型

LeNet-5 模型是 Yann LeCun 教授于 1998 年在论文 *Gradient-based learning applied to document recognition* 中提出的，是卷积神经网络的鼻祖，是第一个成功应用于数字识别问题的卷积神经网络。在 MNIST 数据集上，LeNet-5 模型可以达到约 99.2%的准确率。

6.4.1　LeNet-5 模型的架构

LeNet-5 模型共有 7 层，如图 6.12 所示。

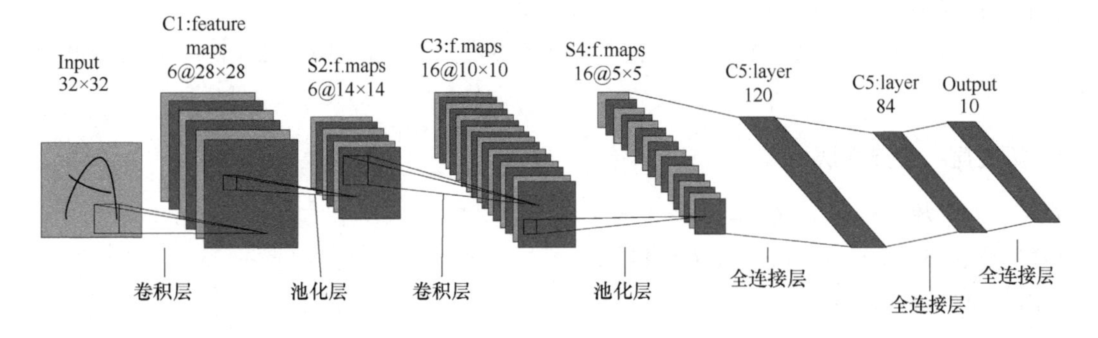

图 6.12　LeNet-5 模型的架构

下面介绍它每一层的结构。

1．第一层：卷积层

输入：原始的图片像素矩阵（长度、宽度、通道数），大小为 $32 \times 32 \times 1$。

参数：滤波器尺寸为 5×5，深度为 6，不使用全 0 填充，步长为 1。

输出：特征图，大小为 $28 \times 28 \times 6$。

分析：因为没有使用全 0 填充，所以这一层的输出尺寸为 $32 - 5 + 1 = 28$，深度为 6。本卷积层共有 $5 \times 5 \times 1 \times 6 + 6 = 156$ 个参数，其中 6 个为偏置项参数；因为下一层的节点矩阵有 $28 \times 28 \times 6 = 4\,704$ 个节点，每个节点和 $5 \times 5 = 25$ 个当前层节点相连，所以本卷积层共有 $4704 \times (25 + 1) = 122\,304$ 个连接。

2．第二层：池化层

输入：特征图，大小为 $28 \times 28 \times 6$。

参数：滤波器尺寸为 2×2，步长为 2。

输出：特征图，大小为 $14 \times 14 \times 6$。

分析：6 个特征图共包含 $6 \times 2 = 12$ 个可训练参数及 $14 \times 14 \times 6 \times (2 \times 2 + 1) = 5\,880$ 个连接。

3．第三层：卷积层

输入：特征图，大小为 $14 \times 14 \times 6$。

参数：滤波器尺寸为 5×5，深度为 16，不使用全 0 填充，步长为 1。

输出：特征图，大小为 $10 \times 10 \times 16$。

分析：因为没有使用全 0 填充，所以这一层输出尺寸为 $14 - 5 + 1 = 10$，深度为 16；本卷积层共有 $5 \times 5 \times 6 \times 16 + 16 = 2\,416$ 个参数，其中 16 个为偏置项参数；因为下一层的节点矩阵有 $10 \times 10 \times 16 = 1\,600$ 个节点，每个节点和 $5 \times 5 = 25$ 个当前层节点相连，所以本卷积层共有 $1\,600 \times (25 + 1)= 41\,600$ 个连接。

4．第四层：池化层

输入：特征图，大小为 $10 \times 10 \times 16$。

参数：滤波器尺寸为 2×2，步长为 2。

输出：特征图，大小为 $5 \times 5 \times 16$。

分析：16 个特征图共包含 $16 \times 2 = 32$ 个可训练参数及 $5 \times 5 \times 16 \times (2 \times 2 + 1) = 2\,000$ 个连接。

5．第五层：全连接层

输入节点个数：$5 \times 5 \times 16 = 400$。

参数个数：$5 \times 5 \times 16 \times 120 + 120 = 48\,120$。

输出节点个数：120。

6．第六层：全连接层

输入节点个数：120。

参数个数：$120 \times 84 + 84 = 10\,164$。
输出节点个数：84。

7. 第七层：全连接层

输入节点个数：84。
参数个数：$84 \times 10 + 10 = 850$。
输出节点个数：10。

6.4.2　CIFAR 10 数据集

CIFAR 10 数据集的训练集中共有 50 000 张图片，测试集中共有 10 000 张图片，所有图片都是 png 格式的彩色图片，图片大小是 $32 \times 32 \times 3$，为 10 分类问题，类别分别为飞机、汽车、鸟、猫、鹿、狗、青蛙、马、船和卡车。图 6.13 所示为 CIFAR 10 数据集图例。这个数据集是测试神经网络性能的一个非常重要的标准，如果神经网络 A 在这个数据集上的准确率超过了神经网络 B，那么可以说神经网络 A 在性能上比神经网络 B 好。

图 6.13　CIFAR 10 数据集图例

PyTorch 已经内置了 CIFAR 10 数据集，只需要调用 torchvision.datasets.CIFAR10 就可以轻松使用。

6.4.3　LeNet-5 模型的代码实现

LeNet-5 模型的示例代码如下：

```
import torch as t
```

```
import torchvision as tv
import torchvision.transforms as transforms
from torchvision.transforms import ToPILImage
show = ToPILImage( )  #可以把 Tensor 转换成 Image，方便可视化
import torch.nn as nn
import torch.nn.functional as F
from torch import optim
import matplotlib.pyplot as plt
import numpy as np
#数据加载及预处理
"""第一次运行程序时，torchvision 会自动下载 CIFAR 10 数据集，大小约为 163MB，需花费一定的时间。如果已经下载了 CIFAR 10 数据集，可通过 root 参数指定；如果没有下载，通过 root 参数指定的下载数据的文件夹地址，定义对数据的预处理"""
transform = transforms.Compose([
    transforms.ToTensor( ),
    transforms.Normalize((0.5, 0.5, 0.5), (0.5, 0.5, 0.5)),
])
#训练集
trainset = tv.datasets.CIFAR10(
    root='.\data',
    train=True,
    download=True,
    transform=transform)

trainloader = t.utils.data.DataLoader(
    trainset,
    batch_size=4,
    shuffle=True,
    num_workers=0)
#测试集
testset = tv.datasets.CIFAR10(
    root='.\data',
    train=False,
    download=True,
    transform=transform)
testloader = t.utils.data.DataLoader(
    testset,
    batch_size=4,
    shuffle=False,
    num_workers=0)

classes = ('plane', 'car', 'bird', 'cat',
```

```
            'deer', 'dog', 'frog', 'horse', 'ship', 'truck')
    #datasets 对象是一个数据集，可以按下标访问，返回形如(data, label)的数据
    (data, label) = trainset[100]
    print(classes[label])
    show((data + 1) / 2).resize((100, 100))
    """DataLoader 是一个可迭代的对象，它将 datasets 返回的每一条数据拼接成一个 batch，并提供多线程加速优化和数据打乱等操作。当程序将 datasets 中的所有数据遍历完一遍之后，即对 DataLoader 完成了一次迭代"""
    dataiter = iter(trainloader)
    images, labels = dataiter.next( ) #返回 4 张图片及标签
    print(' '.join('%11s'%classes[labels[j]] for j in range(4)))
    show(tv.utils.make_grid((images+1)/2)).resize((400,100))

    def imshow(img):
        img = img / 2 + 0.5
        npimg = img.numpy( )
        plt.imshow(np.transpose(npimg, (1, 2, 0)))
    dataiter = iter(trainloader)
    images, labels = dataiter.next( )
    print(images.size( ))
    imshow(tv.utils.make_grid(images))
    plt.show( )#关闭图片后程序才能继续运行
```

程序运行后，先显示 4 张图片，如图 6.14 所示，关闭图片后程序才能继续运行。

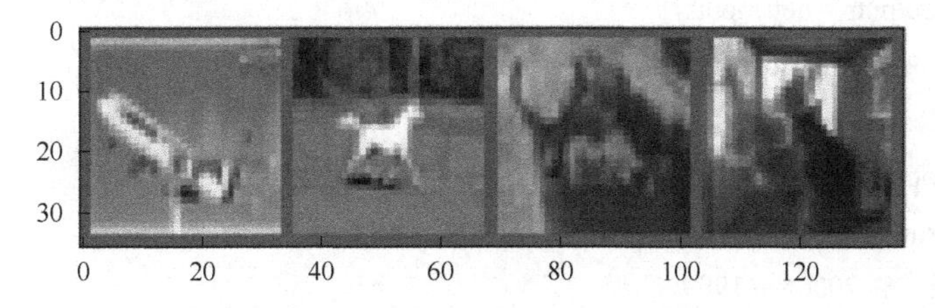

图 6.14　CIFAR 10 中的任意 4 张图片

```
    #定义神经网络
    class Net(nn.Module):
        def __init__(self):
            super(Net, self).__init__( )  #nn.Module.__init__(self)
            self.conv1 = nn.Conv2d(3, 6, 5)
            self.conv2 = nn.Conv2d(6, 16, 5)
            self.fc1 = nn.Linear(16 * 5 * 5, 120)
            self.fc2 = nn.Linear(120, 84)
            self.fc3 = nn.Linear(84, 10)
        def forward(self, x):
```

```
        x = F.max_pool2d(F.relu(self.conv1(x)), (2, 2))
        x = F.max_pool2d(F.relu(self.conv2(x)), 2)
        x = x.view(x.size( )[0], -1)
        x = F.relu(self.fc1(x))
        x = F.relu(self.fc2(x))
        x = self.fc3(x)
        return x
net = Net( )
print(net)
#定义损失函数和优化函数
criterion = nn.CrossEntropyLoss( )
optimizer = optim.SGD(net.parameters( ), lr=0.001, momentum=0.9)

#训练模型
import time
start_time = time.time( )
#t.set_num_threads(4)
for epoch in range(2):
    running_loss = 0.0
    for i, data in enumerate(trainloader, 0):
        inputs, labels = data            #输入数据
        optimizer.zero_grad( )           #梯度清零
        outputs = net(inputs)
        loss = criterion(outputs, labels)
        loss.backward( )
        optimizer.step( )
        running_loss += loss.item( )
        if i % 2000 == 1999:
            print('[%d, %5d] loss: %.3f' \
                  % (epoch + 1, i + 1, running_loss / 2000))
            running_loss = 0.0
print('Finished Training')
end_time = time.time( )
print('Training duration:', end_time - start_time)
#测试模型
#部分效果
dataiter = iter(testloader)
images, labels = dataiter.next( )
print('True label:',' '.join('%08s'%classes[labels[j]] for j in range(4)))
show(tv.utils.make_grid(images/2 - 0.5)).resize((400,100))
```

```
outputs = net(images)
_, predicted = t.max(outputs.data,1)
print('Predicted label:',' '.join('%5s'%classes[predicted[j]] for j in range(4)))
correct = 0
total = 0
with t.no_grad( ):
    for data in testloader:
        images, labels = data
        outputs = net(images)
        _, predicted = t.max(outputs, 1)
        total += labels.size(0)
        correct += (predicted == labels).sum( )
print('Accuracy in testset of 10000 images: %d %%' % (100 * correct / total))
```

运行结果如下：

```
torch.Size([4, 3, 32, 32])
Net(
  (conv1): Conv2d(3, 6, kernel_size=(5, 5), stride=(1, 1))
  (conv2): Conv2d(6, 16, kernel_size=(5, 5), stride=(1, 1))
  (fc1): Linear(in_features=400, out_features=120, bias=True)
  (fc2): Linear(in_features=120, out_features=84, bias=True)
  (fc3): Linear(in_features=84, out_features=10, bias=True)
)
[1, 2000] loss: 2.209
[1, 4000] loss: 1.866
[1, 6000] loss: 1.706
[1, 8000] loss: 1.594
[1, 10000] loss: 1.532
[1, 12000] loss: 1.472
[2, 2000] loss: 1.421
[2, 4000] loss: 1.387
[2, 6000] loss: 1.336
[2, 8000] loss: 1.327
[2, 10000] loss: 1.296
[2, 12000] loss: 1.279
Finished Training
Training duration: 79.99293828010559
True label: cat   ship   ship   plane
Predicted label: cat   ship   ship   plane
Accuracy in testset of 10000 images: 55 %
```

6.5 VGGNet 模型

6.5.1 VGGNet 模型简介

VGGNet 模型是第一个真正意义上的深度神经网络，其是 2014 年 ImageNet ILSVRC 比赛的亚军模型。得益于 Python 中的函数和循环，我们能够非常方便地构建重复结构的深层神经网络。VGGNet 模型的网络结构非常简单，就是不断地堆叠卷积层和池化层，图 6.15 所示是 VGG16 和 VGG19 的结构。

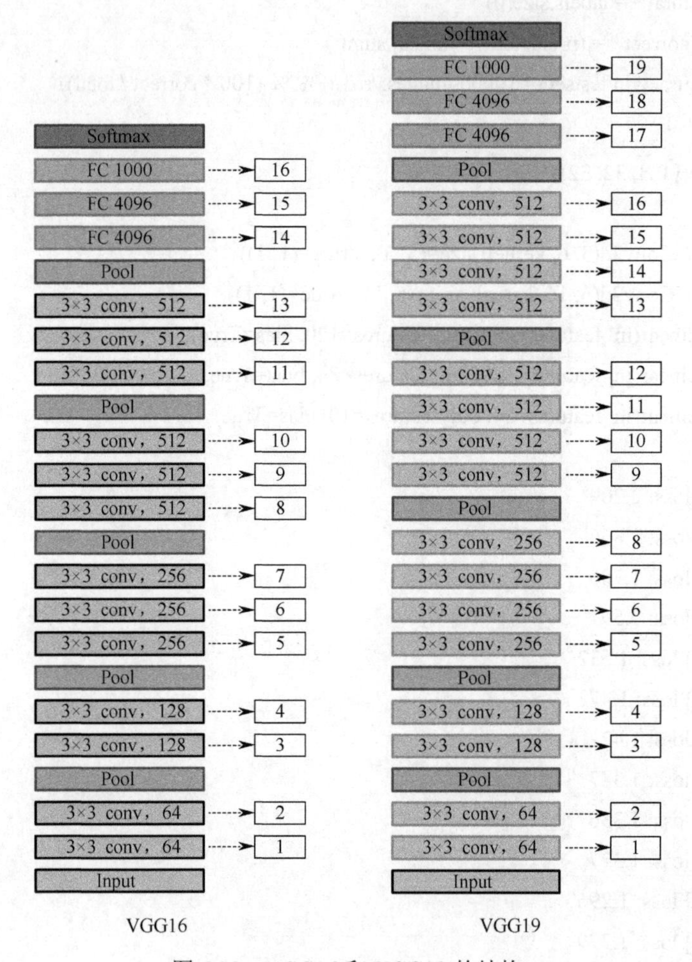

图 6.15 VGG16 和 VGG19 的结构

VGGNet 模型几乎全部使用 3 × 3 的卷积层滤波器及 2 × 2 的池化层滤波器。使用小的滤波器尺寸进行多层的堆叠和一个大的滤波器的感受视野是相同的，而使用小的滤波器还能减少参数，同时可以有更深的结构。下面我们实现一个具有 8 个卷积层的 VGGNet 模型。

6.5.2　VGGNet 模型的代码实现

具有 8 个卷积层的 VGGNet 模型的示例代码如下：

```
import sys
sys.path.append('..')
import numpy as np
import torch
from torch import nn
from torch.autograd import Variable
from torchvision.datasets import CIFAR10
```

定义一个 VGGNet 模型的 block：vgg_block(num_convs, in_channels, out_channels)，传入三个参数，第一个是模型层数，第二个是输入通道数，第三个是输出通道数。第一个卷积层接收的输入通道数，也就是输入图片的通道数，然后输出最后的输出通道数；后面的卷积层接收的输入通道数就是上一层的输出通道数。

```
def vgg_block(num_convs, in_channels, out_channels):
    net = [nn.Conv2d(in_channels, out_channels, kernel_size=3, padding=1), nn.ReLU(True)]    #定义第一层
    for i in range(num_convs - 1):  #定义后面的很多层
        net.append(nn.Conv2d(out_channels, out_channels, kernel_size=3, padding=1))
        net.append(nn.ReLU(True))
    net.append(nn.MaxPool2d(2, 2))  #定义池化层
    return nn.Sequential(*net)
```

可以将模型打印出来：

```
block_demo = vgg_block(3, 64, 128)
print(block_demo)
```

打印结果如下：

```
Sequential(
  (0): Conv2d (64, 128, kernel_size=(3, 3), stride=(1, 1), padding=(1, 1))
  (1): ReLU(inplace)
  (2): Conv2d (128, 128, kernel_size=(3, 3), stride=(1, 1), padding=(1, 1))
  (3): ReLU(inplace)
  (4): Conv2d (128, 128, kernel_size=(3, 3), stride=(1, 1), padding=(1, 1))
  (5): ReLU(inplace)
  (6): MaxPool2d(kernel_size=(2, 2), stride=(2, 2), dilation=(1, 1))
)
#首先定义输入为(1, 64, 300, 300)
input_demo = Variable(torch.zeros(1, 64, 300, 300))
output_demo = block_demo(input_demo)
print(output_demo.shape)
```

```
torch.Size([1, 128, 150, 150])
```

可以看到，输出变为[1, 128, 150, 150]，经过这个 vgg_block，输入通道数减半，变为128。

下面定义一个函数对这个 vgg_block 进行堆叠。

```
def vgg_stack(num_convs, channels):
    net = []
    for n, c in zip(num_convs, channels):
        in_c = c[0]
        out_c = c[1]
        net.append(vgg_block(n, in_c, out_c))
    return nn.Sequential(*net)
```

作为示例，定义一个简单的 VGGNet 模型，有 8 个卷积层。

```
vgg_net = vgg_stack((1, 1, 2, 2, 2), ((3, 64), (64, 128), (128, 256), (256, 512), (512, 512)))
print(vgg_net)
Sequential(
  (0): Sequential(
    (0): Conv2d (3, 64, kernel_size=(3, 3), stride=(1, 1), padding=(1, 1))
    (1): ReLU(inplace)
    (2): MaxPool2d(kernel_size=(2, 2), stride=(2, 2), dilation=(1, 1))
  )
  (1): Sequential(
    (0): Conv2d (64, 128, kernel_size=(3, 3), stride=(1, 1), padding=(1, 1))
    (1): ReLU(inplace)
    (2): MaxPool2d(kernel_size=(2, 2), stride=(2, 2), dilation=(1, 1))
  )
  (2): Sequential(
    (0): Conv2d (128, 256, kernel_size=(3, 3), stride=(1, 1), padding=(1, 1))
    (1): ReLU(inplace)
    (2): Conv2d (256, 256, kernel_size=(3, 3), stride=(1, 1), padding=(1, 1))
    (3): ReLU(inplace)
    (4): MaxPool2d(kernel_size=(2, 2), stride=(2, 2), dilation=(1, 1))
  )
  (3): Sequential(
    (0): Conv2d (256, 512, kernel_size=(3, 3), stride=(1, 1), padding=(1, 1))
    (1): ReLU(inplace)
    (2): Conv2d (512, 512, kernel_size=(3, 3), stride=(1, 1), padding=(1, 1))
    (3): ReLU(inplace)
    (4): MaxPool2d(kernel_size=(2, 2), stride=(2, 2), dilation=(1, 1))
  )
  (4): Sequential(
```

```
        (0): Conv2d (512, 512, kernel_size=(3, 3), stride=(1, 1), padding=(1, 1))
        (1): ReLU(inplace)
        (2): Conv2d (512, 512, kernel_size=(3, 3), stride=(1, 1), padding=(1, 1))
        (3): ReLU(inplace)
        (4): MaxPool2d(kernel_size=(2, 2), stride=(2, 2), dilation=(1, 1))
    )
)
```

可以看到模型进行了 5 次最大池化处理，说明图片的大小会减小 2^5 倍。验证一下，输入一张 256×256 的图片，看看运行结果是什么。

```
test_x = Variable(torch.zeros(1, 3, 256, 256))
test_y = vgg_net(test_x)
print(test_y.shape)
```

运行结果如下：

```
torch.Size([1, 512, 8, 8])
```

可以看到，图片减小了 2^5 倍。最后再加上几个全连接层，就能够得到我们想要的分类输出。

```
class vgg(nn.Module):
    def __init__(self):
        super(vgg, self).__init__( )
        self.feature = vgg_net
        self.fc = nn.Sequential(
            nn.Linear(512, 100),
            nn.ReLU(True),
            nn.Linear(100, 10)
        )
    def forward(self, x):
        x = self.feature(x)
        x = x.view(x.shape[0], -1)
        x = self.fc(x)
        return x
```

训练模型，看看其在 CIFAR 10 数据集上的运行结果：

```
def get_acc(output, label):
    total = output.shape[0]
    _, pred_label = output.max(1)
    num_correct = (pred_label == label).sum( ).item( )
    return num_correct / total

def train(net, train_data, valid_data, num_epochs, optimizer, criterion):
    if torch.cuda.is_available( ):
```

```
    net = net.cuda( )
prev_time = datetime.now( )
for epoch in range(num_epochs):
    train_loss = 0
    train_acc = 0
    net = net.train( )
    for im, label in train_data:
        if torch.cuda.is_available( ):
            im = Variable(im.cuda( ))    #(bs, 3, h, w)
            label = Variable(label.cuda( ))    #(bs, h, w)
        else:
            im = Variable(im)
            label = Variable(label)
        #前向
        output = net(im)
        loss = criterion(output, label)
        #反向
        optimizer.zero_grad( )
        loss.backward( )
        optimizer.step( )

        train_loss += loss.item( )
        train_acc += get_acc(output, label)

    cur_time = datetime.now( )
    h, remainder = divmod((cur_time - prev_time).seconds, 3600)
    m, s = divmod(remainder, 60)
    time_str = "Time %02d:%02d:%02d" % (h, m, s)
    if valid_data is not None:
        valid_loss = 0
        valid_acc = 0
        net = net.eval( )
        for im, label in valid_data:
            if torch.cuda.is_available( ):
                with torch.no_grad( ):
                    im = Variable(im.cuda( ))
                with torch.no_grad( ):
                    label = Variable(label.cuda( ))
            else:
```

```
                with torch.no_grad( ):
                    im = Variable(im)
                with torch.no_grad( ):
                    label = Variable(label)
                output = net(im)
                loss = criterion(output, label)
                valid_loss += loss.item( )
                valid_acc += get_acc(output, label)
            epoch_str = (
                "Epoch %d. Train Loss: %f, Train Acc: %f, Valid Loss: %f, Valid Acc: %f, "
                % (epoch, train_loss / len(train_data),
                   train_acc / len(train_data), valid_loss / len(valid_data),
                   valid_acc / len(valid_data)))
        else:
            epoch_str = ("Epoch %d. Train Loss: %f, Train Acc: %f, " %
                         (epoch, train_loss / len(train_data),
                          train_acc / len(train_data)))
        prev_time = cur_time
        print(epoch_str + time_str)

def data_tf(x):
    x = np.array(x, dtype='float32') / 255
    x = (x - 0.5) / 0.5  #标准化
    x = x.transpose((2, 0, 1))  #将 channel 放到第一维，这是 PyTorch 要求的输入方式
    x = torch.from_numpy(x)
    return x

train_set = CIFAR10('.\data', train=True, transform=data_tf)
train_data = torch.utils.data.DataLoader(train_set, batch_size=64, shuffle=True)
test_set = CIFAR10('.\data', train=False, transform=data_tf)
test_data = torch.utils.data.DataLoader(test_set, batch_size=128, shuffle=False)

net = vgg( )
optimizer = torch.optim.SGD(net.parameters( ), lr=1e-1)
criterion = nn.CrossEntropyLoss( )
train(net, train_data, test_data, 20, optimizer, criterion)
```

运行结果如下：

```
Epoch 0. Train Loss: 2.303178, Train Acc: 0.096587, Valid Loss: 2.302803, Valid Acc: 0.100969, Time 00:00:21
Epoch 1. Train Loss: 2.302976, Train Acc: 0.097966, Valid Loss: 2.302852, Valid Acc: 0.098892, Time 00:00:21
```

```
Epoch 2. Train Loss: 2.302935, Train Acc: 0.099185, Valid Loss: 2.302438, Valid Acc: 0.119264, Time 00:00:21
...
Epoch 17. Train Loss: 0.149587, Train Acc: 0.947191, Valid Loss: 1.062456, Valid Acc: 0.729134, Time 00:00:22
Epoch 18. Train Loss: 0.119901, Train Acc: 0.959559, Valid Loss: 0.908074, Valid Acc: 0.783525, Time 00:00:22
Epoch 19. Train Loss: 0.098249, Train Acc: 0.966892, Valid Loss: 0.969965, Valid Acc: 0.784217, Time 00:00:22
```

可以看到，运行 20 次后，VGGNet 模型能在 CIFAR 10 数据集上取得 78.4%左右的准确率。

6.6 ResNet 模型

6.6.1 ResNet 模型简介

随着神经网络的深度不断加深，梯度消失、梯度爆炸的问题会越来越严重，这也导致了神经网络的训练变得越来越困难。有些神经网络在开始收敛时可能出现退化问题，导致准确率很快达到饱和，出现层次越深、准确率反而越低的现象。让人惊讶的是，这不是过拟合的问题，而仅仅是因为加深了网络。

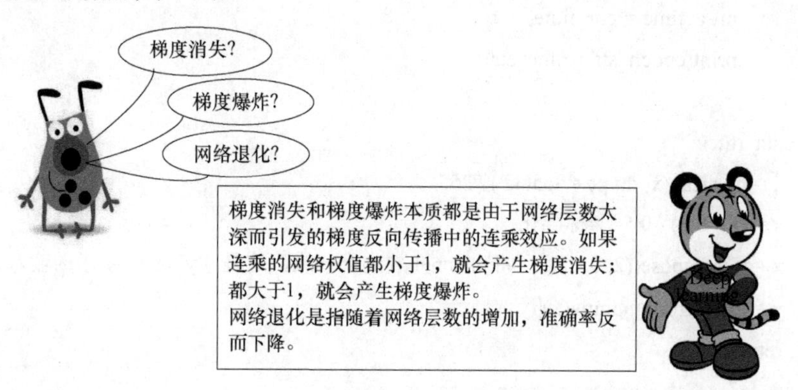

这就促使了 ResNet 模型的出现。ResNet 模型由微软亚洲研究院（MSRA）的何凯明等四名华人提出（论文原文下载地址：https://arxiv.org/pdf/1512.03385.pdf）。ResNet 模型通过使用残差学习单元成功训练出了 152 层的神经网络，其在 2015 年 ImageNet ILSVRC 比赛中获得了冠军，同时参数数量比 VGGNet 模型少，效果非常突出。ResNet 模型的结构可以极快地加速超深神经网络的训练，准确率也有非常大的提升。

ResNet 模型与普通残差网络的不同之处在于，其引入了跨层连接（残差连接），构造出了残差模块。使用普通的连接时，上层的梯度必须一层一层地传回来，而使用残差连接时，相当于中间有了一条更短的路，梯度能够从这条更短的路传回来，避免了梯度过小的情况。

假定某神经网络的输入是 x，期望输出是 $H(x)$，如果直接把输入 x 传到输出作为初始结果，那么此时需要学习的目标就是 $F(x)=H(x)-x$。图 6.16 所示就是一个 ResNet 模型的残差学习单元，ResNet 模型相当于将学习目标改变了，不再学习一个完整的输出 $H(x)$，而学习输出和输入的差 $H(x)-x$，即残差。

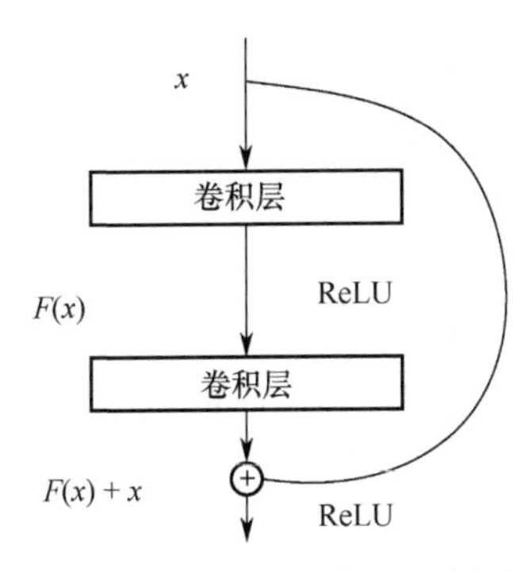

图 6.16　残差学习单元示意图

ResNet 模型的结构就是这种残差学习单元的堆叠。

6.6.2　ResNet 模型残差学习单元的代码实现

下面实现一个基本的残差学习单元 residual_block，代码如下：

```
import numpy as np
import torch
import time
from torch import nn
import torch.nn.functional as F
from torch.autograd import Variable
from torchvision.datasets import CIFAR10
from datetime import datetime

def conv3x3(in_channel, out_channel, stride=1):
    return nn.Conv2d(in_channel, out_channel, 3, stride=stride, padding=1, bias=False)

class residual_block(nn.Module):
    def __init__(self, in_channel, out_channel, same_shape=True):
        super(residual_block, self).__init__( )
        self.same_shape = same_shape
        stride = 1 if self.same_shape else 2
        self.conv1 = conv3x3(in_channel, out_channel, stride=stride)
        self.bn1 = nn.BatchNorm2d(out_channel)
        self.conv2 = conv3x3(out_channel, out_channel)
        self.bn2 = nn.BatchNorm2d(out_channel)
        if not self.same_shape:
            self.conv3 = nn.Conv2d(in_channel, out_channel, 1, stride=stride)
    def forward(self, x):
        out = self.conv1(x)
        out = F.relu(self.bn1(out), True)
```

```
out = self.conv2(out)
out = F.relu(self.bn2(out), True)
if not self.same_shape:
    x = self.conv3(x)
return F.relu(x + out, True)
```

读者可以在本章的实验部分，根据神经网络的结构，自己来实现该神经网络。

本章小结

本章从全连接神经网络引出卷积神经网络。卷积神经网络和下一章要介绍的循环神经网络都属于前馈神经网络。本章介绍了卷积神经网络的原理，并介绍了三个经典的卷积神经网络：LeNet-5 模型、VGGNet 模型、ResNet 模型。通过本章的学习，读者应该可以自己编写代码，实现一些卷积神经网络了。

习　题

1. 填空题

（1）卷积神经网络的三个基本准则包括：局部性、__________、__________。

（2）除输入层外，典型的 CNN 至少由三个部分构成：_______、_________、全连接层。

（3）输入图片尺寸为 7 × 7，滤波器尺寸为 3 × 3，步长为 1，边界填充的大小为 1，计算输出图片的尺寸：____________。

（4）在 PyTorch 中常用的最大池化方式是_________________。

（5）最大池化就是在池化空间窗口范围内取最大值，平均池化就是在池化空间窗口范围内取_____________。

2. 选择题

（1）参数共享可以共享（　）和权重向量等。

A. 存储空间　B. 结果　C. 参数　D. 滤波器

（2）循环神经网络属于（　）网络的一种。

A. 线性回归　B. GAN 网络　C. 卷积神经网络　D. 深度前馈神经网络

（3）查找资料回答：卷积神经网络由著名的计算机科学家（　）提出。

A. Ian Goodfellow　B. Yoshua Bengio　C. 何凯明　D. Yann LeCun

（4）卷积神经网络中卷积层的主要作用是（　）。

A. 大幅降低参数量级（降维）　B. 用来输出想要的结果

C. 读入数据　D. 负责提取图片中的局部特征

（5）以下不是池化层作用的是（　　）。

A. 特征降维，避免过拟合　　B. 空间不变性

C. 减少参数，降低训练难度　　D. 提取图片的局部特征

3. 简答题

（1）给出输入图片矩阵，如图 6.17 所示，池化空间窗口尺寸为 2×2，写出最大池化、平均池化后的输出。

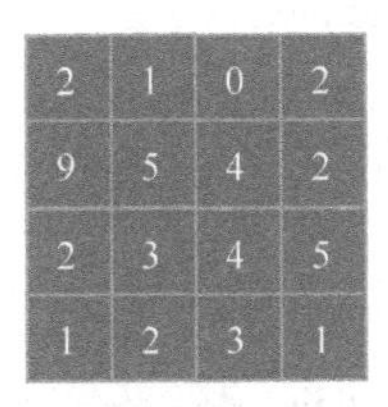

2	1	0	2
9	5	4	2
2	3	4	5
1	2	3	1

图 6.17　简答题第（1）题图

（2）输入的图片尺寸为 $w_{\mathrm{i}}\times h_{\mathrm{i}}\times d_{\mathrm{i}}$，步长为 s，边界填充的大小为 p，滤波器尺寸为 $f\times f$，则有输出图片尺寸为 $w_{\mathrm{o}}\times h_{\mathrm{o}}\times d_{\mathrm{o}}$。写出输出图片的宽度、高度计算公式。

（3）输入图片尺寸为 32 × 32 × 3，滤波器尺寸为 5 × 5，步长为 1，边界填充的大小为 2，计算输出图片的尺寸，计算参数数目。

实　　验

1. 设计一个卷积神经网络，实现 MNIST 手写数字识别，网络结构如下：

```
Net(
  (conv1): Conv2d(1, 32, kernel_size=(3, 3), stride=(1, 1))
  (conv2): Conv2d(32, 64, kernel_size=(3, 3), stride=(1, 1))
  (dropout1): Dropout2d(p=0.25, inplace=False)
  (dropout2): Dropout2d(p=0.5, inplace=False)
  (fc1): Linear(in_features=9216, out_features=128, bias=True)
  (fc2): Linear(in_features=128, out_features=10, bias=True)
)
```

2. 用 GoogleNet 实现 CIFAR 10 数据集分类。

基本层结构如下：

```
def conv_relu(in_channel, out_channel, kernel, stride=1, padding=0):
    layer = nn.Sequential(
        nn.Conv2d(in_channel, out_channel, kernel, stride, padding),
        nn.BatchNorm2d(out_channel, eps=1e-3),
        nn.ReLU(True)
    )
```

```
        return layer
    class inception(nn.Module):
        def __init__(self, in_channel, out1_1, out2_1, out2_3, out3_1, out3_5, out4_1):
            super(inception, self).__init__( )
            #第一条线路
            self.branch1x1 = conv_relu(in_channel, out1_1, 1)
            #第二条线路
            self.branch3x3 = nn.Sequential(
                conv_relu(in_channel, out2_1, 1),
                conv_relu(out2_1, out2_3, 3, padding=1)
            )
            #第三条线路
            self.branch5x5 = nn.Sequential(
                conv_relu(in_channel, out3_1, 1),
                conv_relu(out3_1, out3_5, 5, padding=2)
            )
            #第四条线路
            self.branch_pool = nn.Sequential(
                nn.MaxPool2d(3, stride=1, padding=1),
                conv_relu(in_channel, out4_1, 1)
            )
        def forward(self, x):
            f1 = self.branch1x1(x)
            f2 = self.branch3x3(x)
            f3 = self.branch5x5(x)
            f4 = self.branch_pool(x)
            output = torch.cat((f1, f2, f3, f4), dim=1)
            return output
```

网络结构如下：

```
    class googlenet(nn.Module):
        def __init__(self, in_channel, num_classes, verbose=False):
            super(googlenet, self).__init__( )
            self.verbose = verbose
            self.block1 = nn.Sequential(
                conv_relu(in_channel, out_channel=64, kernel=7, stride=2, padding=3),
                nn.MaxPool2d(3, 2)
            )
            self.block2 = nn.Sequential(
                conv_relu(64, 64, kernel=1),
                conv_relu(64, 192, kernel=3, padding=1),
                nn.MaxPool2d(3, 2)
```

```
        )
        self.block3 = nn.Sequential(
            inception(192, 64, 96, 128, 16, 32, 32),
            inception(256, 128, 128, 192, 32, 96, 64),
            nn.MaxPool2d(3, 2)
        )
        self.block4 = nn.Sequential(
            inception(480, 192, 96, 208, 16, 48, 64),
            inception(512, 160, 112, 224, 24, 64, 64),
            inception(512, 128, 128, 256, 24, 64, 64),
            inception(512, 112, 144, 288, 32, 64, 64),
            inception(528, 256, 160, 320, 32, 128, 128),
            nn.MaxPool2d(3, 2)
        )
        self.block5 = nn.Sequential(
            inception(832, 256, 160, 320, 32, 128, 128),
            inception(832, 384, 182, 384, 48, 128, 128),
            nn.AvgPool2d(2)
        )
        self.classifier = nn.Linear(1024, num_classes)
    def forward(self, x):
        x = self.block1(x)
        if self.verbose:
            print('block 1 output: {}'.format(x.shape))
        x = self.block2(x)
        if self.verbose:
            print('block 2 output: {}'.format(x.shape))
        x = self.block3(x)
        if self.verbose:
            print('block 3 output: {}'.format(x.shape))
        x = self.block4(x)
        if self.verbose:
            print('block 4 output: {}'.format(x.shape))
        x = self.block5(x)
        if self.verbose:
            print('block 5 output: {}'.format(x.shape))
        x = x.view(x.shape[0], -1)
        x = self.classifier(x)
        return x
```

请实现此网络。

3．在有 GPU 的环境下，用 ResNet 模型实现 CIFAR 10 数据集分类，并给出运行结果。网络结构如表 6.1 所示。

表 6.1 网络结构

层 名 称	输 出 尺 寸	18 层
conv1	112 × 112	7 × 7, 64, 步长为 2
		3 × 3 最大池化, 步长为 2
conv2_x	56 × 56	$\begin{bmatrix}3\times3,64\\3\times3,64\end{bmatrix}\times2$
conv3_x	28 × 28	$\begin{bmatrix}3\times3,128\\3\times3,128\end{bmatrix}\times2$
conv4_x	14 × 14	$\begin{bmatrix}3\times3,256\\3\times3,256\end{bmatrix}\times2$
conv5_x	7 × 7	$\begin{bmatrix}3\times3,512\\3\times3,512\end{bmatrix}\times2$
	1 × 1	平均池化，1000-d fc，Softmax
浮点运算次数（FLOPs）		1.8×10^9

第 7 章　循环神经网络

导读

卷积神经网络的各种版本不断提升着对单个物体的识别性能，但在一些与时间先后有关的（如对视频的下一时刻的预测、对文档后文内容的预测等）应用中，这些模型的表现就不尽如人意了。能否研究一种算法，不仅考虑前一个神经元的输入，而且考虑更前面神经元的影响呢？这就是人们研究循环神经网络的初衷。

7.1　循环神经网络概述

循环神经网络（Recurrent Neural Network，RNN）是以传递信息的方式命名的。如图 7.1 所示，在前馈神经网络中，信息只向一个方向移动：从输入层通过隐藏层到输出层。前馈神经网络的神经元对以前收到的输入是没有记忆的，因此没有时间顺序的概念，无法有效预测接下来会发生什么。

例如，把一个单词“PyTorch”作为一个前馈神经网络的输入，并让网络逐字处理这个单词。当它到达字符“r”时，它已经忘记了“P”、“y”和“T”，使得这种类型的神经网络几乎不可能预测接下来会出现什么字符。

再来看看图 7.1 中循环神经网络的信息流动情况，它有两个输入：现在和最近的过去。当循环神经网络做决定时，会考虑当前的输入及它从以前收到的输入中学到的内容。这就是为什么循环神经网络可以做到其他模型无法做到的事情。

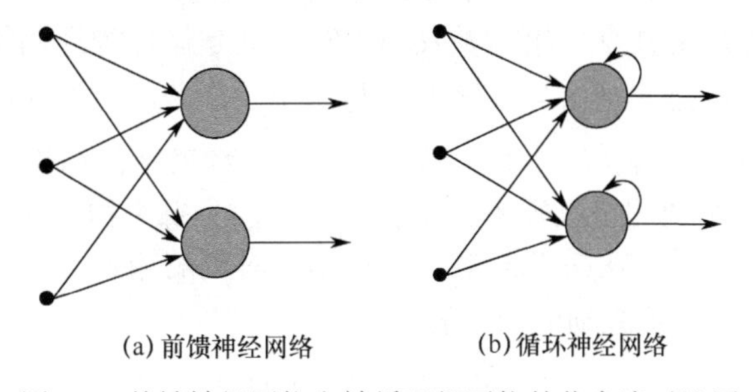

(a) 前馈神经网络　　(b) 循环神经网络

图 7.1　前馈神经网络和神循环经网络的信息流对比图

那么循环神经网络可以做哪些事情呢？可以说，只要考虑时间先后顺序的问题都可以使用循环神经网络来解决，其常用的应用领域如下：

（1）机器翻译、机器写小说、机器写诗、机器作曲。

（2）视频处理、文本生成、语言模型、图像处理。

（3）语音识别。

（4）图像描述生成。

（5）文本相似度计算。

（6）音乐推荐、商品推荐等。

7.2　循环神经网络的原理

循环神经网络是一种用于处理序列数据的神经网络，即一个序列当前的输出与以前的输入也有关。具体的表现形式：循环神经网络会对以前的信息进行记忆并应用于当前输出的计算中，即隐藏层之间的节点是有连接的，且隐藏层的输入不仅包括输入层的输出，还包括上一时刻隐藏层的输出。

图 7.2 所示是循环神经网络的简单示意图。

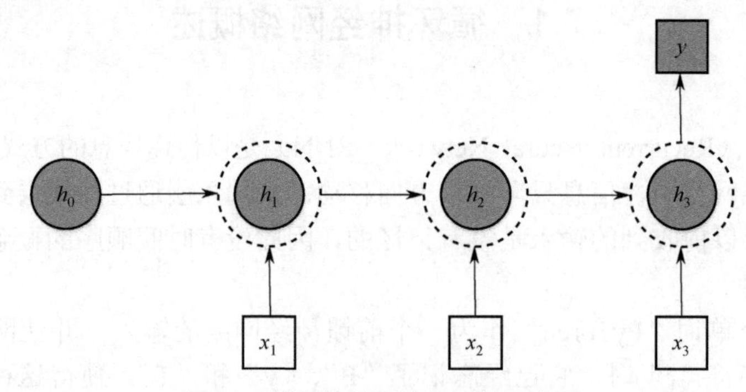

图 7.2　循环神经网络的简单示意图

此时输出层的神经元公式为

$$y = f(Ux_3 + Wh_3 + b)$$
$$h_i = f(Ux_i + Wh_{i-1} + b)$$

可知整个循环神经网络共享一组参数 (U,W,b)，这是循环神经网络最重要的特性，且每个隐藏层神经元 h_i 的计算公式是由当前输入 x_i 与上一个隐藏层神经元的输出 h_{i-1} 组成的。

看懂了上面这个简单的例子，下面总结一下循环神经网络的结构，如图 7.3 所示。

图 7.3 右图中，每个圆圈可以视为一个神经元，而且每个神经元完成的工作是一样的，因此可以折叠呈左图的样子。在图 7.3 中，x_t 表示 t 时刻的输入，y_t 表示 t 时刻的输出，s_t 表示 t 时刻的记忆；$f(\,)$ 表示激励函数，有

$$s_t = f(Ux_t + Ws_{t-1})$$

预测时还要带一个权重矩阵 $\boldsymbol{V}$，用公式表示为

$$y_t = \mathrm{Softmax}(\boldsymbol{V}s_t)$$

这里的 Softmax 函数是用来预测结果的。

循环神经网络的层次也可以很深，信息可以前向流动或前后双向流动，例如，图 7.4、图 7.5 所示分别是前向循环神经网络的结构和双向循环神经网络的结构。

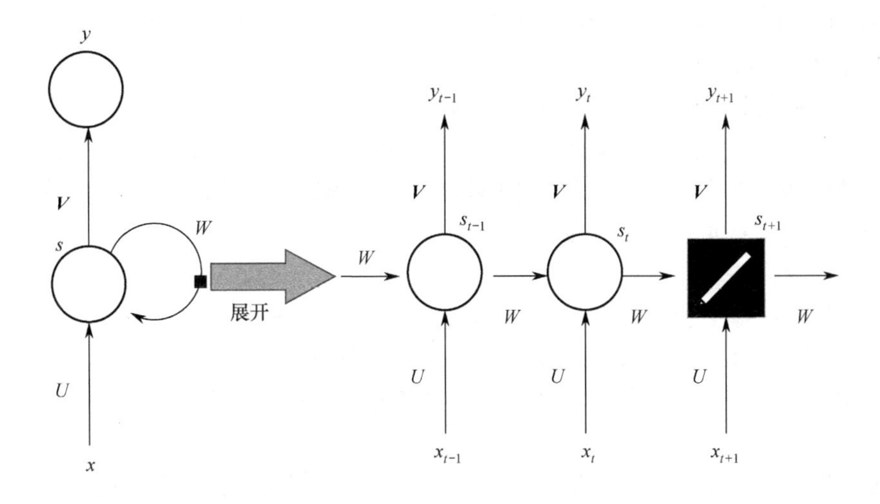

图 7.3　循环神经网络的结构

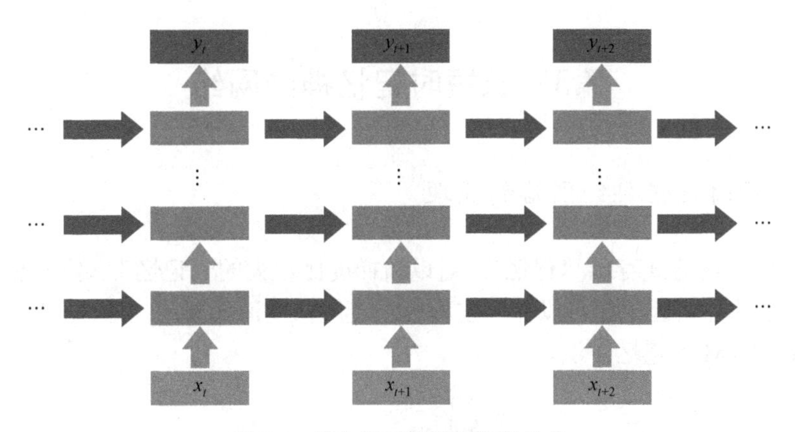

图 7.4　前向循环神经网络的结构

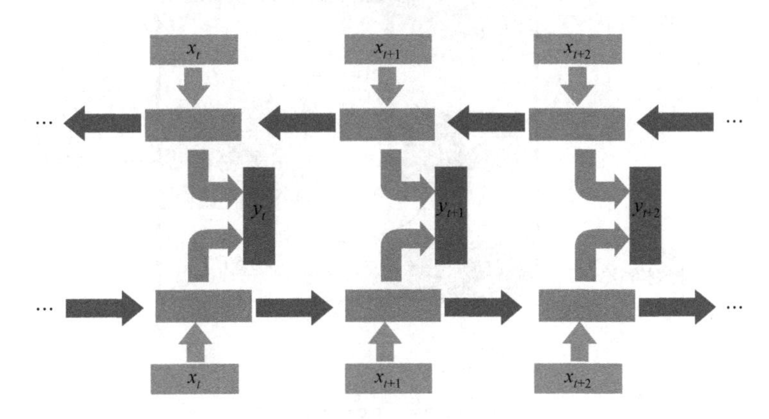

图 7.5　双向循环神经网络的结构

前向循环神经网络只考虑前面部分的内容，并不断地向后一个神经元传递，这样带来的缺陷是位于后面部分的内容无法影响前面部分。

双向循环神经网络（Bidirectional RNN，BiRNN）先正向传递一次，再反向传递一次，将两者的值混合后再传入网络中一次。其优点是考虑的内容比较广，既考虑了前面部分，也考虑了后面部分。

循环神经网络的训练和传统神经网络基本相同，同样使用反向传播算法。不过有一点区别，如果将循环神经网络展开，那么参数 W，U，V 是共享的，传统神经网络却不是。循环神经网络在使用梯度下降算法时，每一步的输出不仅依赖当前的网络，并且依赖前面若干步的网络。例如，在 $t = 4$ 时，还需要向后传递三步，后面的三步都需要加上各步的梯度，该算法称为随时间变化的反向传播算法（Backpropagation Through Time，BPTT）。需要意识到的是，BPTT 无法解决长时依赖问题（即当前的输出与前面很长的一段序列有关），一般超过 10 步，BPTT 就无能为力了，因为 BPTT 会带来梯度消失或梯度爆炸问题（共享的 W 权值会被反复乘到梯度中，若该值大于 1，则会出现梯度爆炸问题；若该值小于 1，则会出现梯度消失问题）。

对于梯度爆炸，可以用截断或挤压渐变来解决。梯度消失比梯度爆炸更难解决，它可通过长短时记忆神经网络（Long Short Term Memory，LSTM）解决。

7.3 长短时记忆神经网络

7.3.1 长短时记忆神经网络的原理

LSTM 用特殊的方式存储“记忆”，对以前梯度比较大的“记忆”，不会像循环神经网络一样简单地马上抹除，因此它可以在一定程度上克服梯度消失问题。图 7.6 所示为 LSTM 抽象图，解释了 LSTM 的记忆方法。

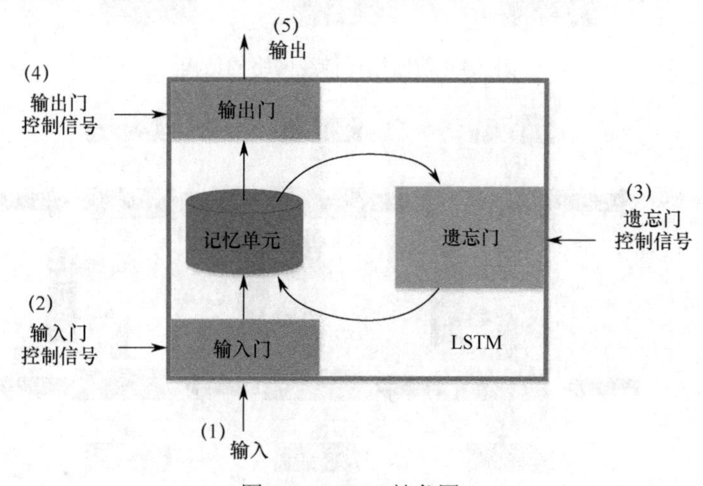

图 7.6 LSTM 抽象图

LSTM 由四个输入和一个输出组成。

（1）输入：是外界要存入记忆单元的内容。

（2）输入门控制信号：控制输入门。

（3）遗忘门控制信号：控制是否清空记忆单元。

（4）输出门控制信号：控制是否输出记忆单元。

（5）输出：输出记忆单元的内容到其他的隐藏层。

有了以上的结构，LSTM 就能控制只将重要的内容存入记忆单元中，实现需要时输出、必要时清空等功能，十分强大。

图 7.7 给出了 LSTM 的内部结构。

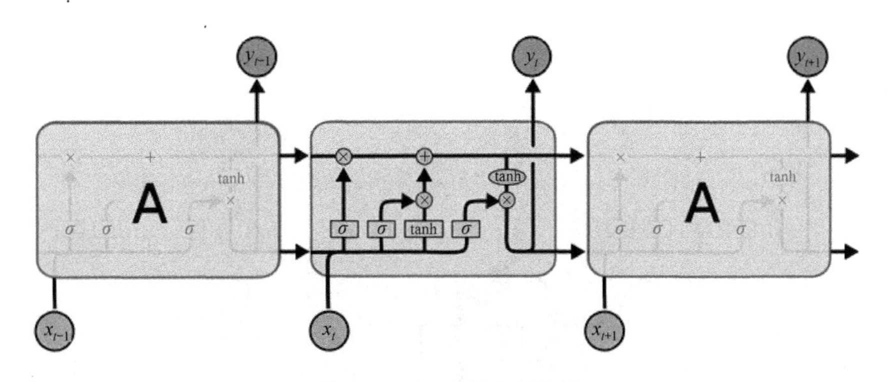

图 7.7 LSTM 的内部结构

在图 7.7 中，x_{t-1},x_t,x_{t+1} 是三个神经元的输入，y_{t-1},y_t,y_{t+1} 是三个神经元的输出。σ 代表 Sigmoid 激励函数，tanh 代表 tanh 激励函数，这两个激励函数在 1.4 节介绍过。$\otimes$ 代表相乘操作，$\oplus$ 代表相加操作，$\rightarrow$ 代表向量传输。

LSTM 的关键是细胞状态，水平线在图上方贯穿运行。细胞状态类似于传送带，直接在整个链上运行，只有一些少量的线性交互。LSTM 的工作流程如下。

第一步：遗忘门工作，判断是否遗忘上一步传来的信息。

如图 7.8 所示，这个策略由遗忘门决定。读取 y_{t-1} 和 x_t，经过 Sigmoid 函数，输出一个 0～1 之间的数字给每个在细胞状态上的 C_{t-1}，1 代表“完全保持”，0 代表“完全遗忘”。

输出公式为

$$f_t = \text{Sigmoid}(W_f \cdot [y_{t-1}, x_t] + b_f)$$

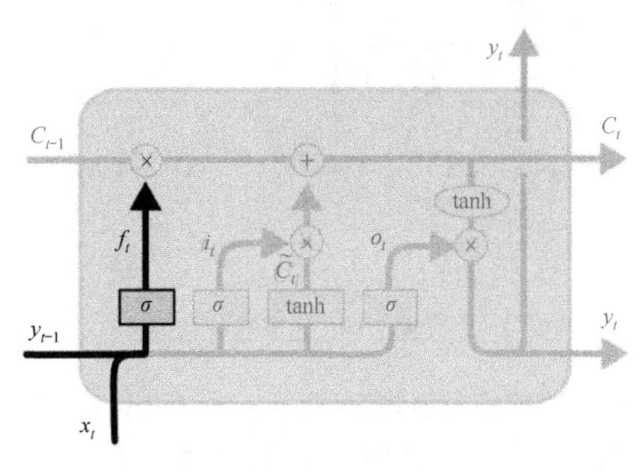

图 7.8 遗忘门工作

第二步：输入门工作，决定更新哪些信息。

如图 7.9 所示，这里起作用的是输入门。该处的激励函数 Sigmoid 决定将更新哪些值。接下来的激励函数 tanh 创建可以添加到细胞状态的新候选值 $\tilde{C}_t$ 。

输出公式为

$$i_t = \text{Sigmoid}(W_i \cdot [y_{t-1}, x_t] + b_i)$$

$$\tilde{C}_t = \tanh(W_C \cdot [y_{t-1}, x_t] + b_C)$$

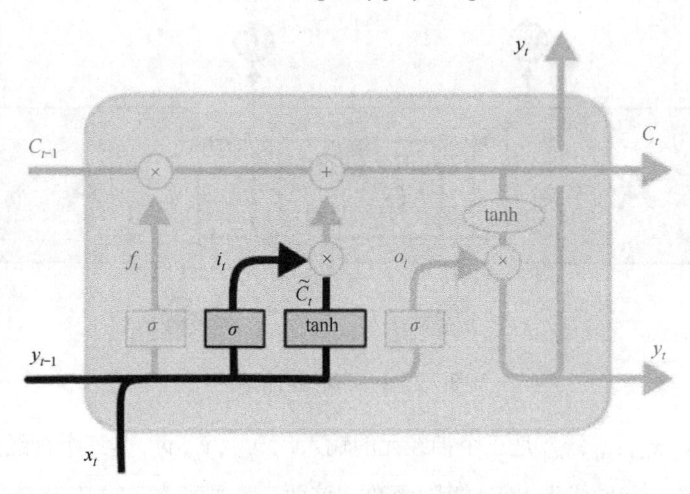

图 7.9 输入门工作

第三步：更新过程，将旧细胞状态更新为新细胞状态。将 C_{t-1} 更新为 C_t ，如图 7.10 所示。

输出公式为

$$C_t = f_t C_{t-1} + i_t \tilde{C}_t$$

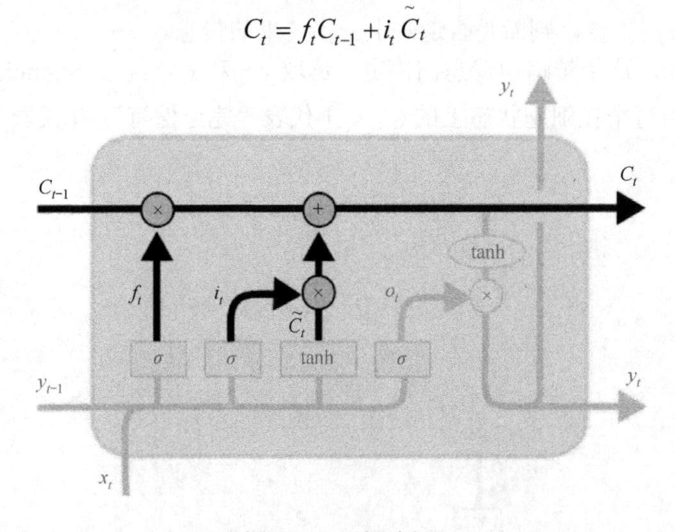

图 7.10 更新过程

第四步：输出门工作，决定输出哪些信息。这一步输出门先通过激励函数 Sigmoid 决定要输出细胞状态的哪些部分。然后，我们将细胞状态设置在−1 和 1 之间（利用激励函数 tanh），并将其乘以由 Sigmoid 函数决定的输出部分，如图 7.11 所示。

输出公式为

$$o_t = \mathrm{Sigmoid}(W_o \cdot [h_{t-1}, x_t] + b_o)$$
$$y_t = o_t \tanh(C_t)$$

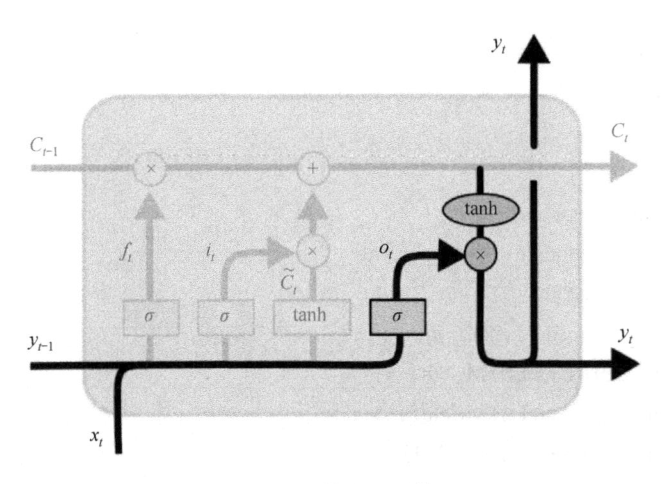

图 7.11　输出门工作

LSTM 是目前使用最多的重要的时间序列模型。下面分别介绍 LSTM 的两个应用：第一个是 LSTM 在学习了正弦波之后，试图预测未来的信号值；第二个是亚马逊网站评论的情绪分析。

7.3.2　长短时记忆神经网络实例 1

PyTorch 官方网站提供的一个实例，有助于学习 PyTorch 时间序列预测。本例使用两个 LSTM 单元学习从不同相位开始的一些正弦波信号，LSTM 单元在学习了正弦波之后，试图预测未来的信号值。

示例代码如下。

生成模拟数据（generate_sine_wave.py）：

```
#-*- coding: utf-8 -*-
import numpy as np
import torch
np.random.seed(2)
T = 20
L = 1000
N = 100
x = np.empty((N, L), 'int64')
x[:] = np.array(range(L)) + np.random.randint(-4 * T, 4 * T, N).reshape(N, 1)
data = np.sin(x / 1.0 / T).astype('float64')
torch.save(data, open('traindata.pt', 'wb'))
```

LSTM 时间序列预测：

```
from __future__ import print_function
import torch
import torch.nn as nn
import torch.optim as optim
import numpy as np
import matplotlib
matplotlib.use('Agg')
import matplotlib.pyplot as plt
class Sequence(nn.Module):
    def __init__(self):
        super(Sequence, self).__init__()
        self.lstm1 = nn.LSTMCell(1, 51)
        self.lstm2 = nn.LSTMCell(51, 51)
        self.linear = nn.Linear(51, 1)
    def forward(self, input, future = 0):
        outputs = []
        h_t = torch.zeros(input.size(0), 51, dtype=torch.double)
        c_t = torch.zeros(input.size(0), 51, dtype=torch.double)
        h_t2 = torch.zeros(input.size(0), 51, dtype=torch.double)
        c_t2 = torch.zeros(input.size(0), 51, dtype=torch.double)
        for i, input_t in enumerate(input.chunk(input.size(1), dim=1)):
            h_t, c_t = self.lstm1(input_t, (h_t, c_t))
            h_t2, c_t2 = self.lstm2(h_t, (h_t2, c_t2))
            output = self.linear(h_t2)
            outputs += [output]
        for i in range(future):#if we should predict the future
            h_t, c_t = self.lstm1(output, (h_t, c_t))
            h_t2, c_t2 = self.lstm2(h_t, (h_t2, c_t2))
            output = self.linear(h_t2)
            outputs += [output]
        outputs = torch.stack(outputs, 1).squeeze(2)
        return outputs
if __name__ == '__main__':
    #set random seed to 0
    np.random.seed(0)
    torch.manual_seed(0)
    #load data and make training set
    data = torch.load('traindata.pt')
    input = torch.from_numpy(data[3:, :-1])
    target = torch.from_numpy(data[3:, 1:])
```

```
test_input = torch.from_numpy(data[:3, :-1])
test_target = torch.from_numpy(data[:3, 1:])
#建立模型
seq = Sequence( )
seq.double( )
criterion = nn.MSELoss( )
#使用 LBFGS 作为优化函数，因为其能够加载整个数据集进行训练
optimizer = optim.LBFGS(seq.parameters( ), lr=0.8)
#训练模型，这里训练两个 epoch，在有 GPU 的环境下可以增大此数，以取得更好的效果
for i in range(2):
    print('STEP: ', i)
    def closure( ):
        optimizer.zero_grad( )
        out = seq(input)
        loss = criterion(out, target)
        print('loss:', loss.item( ))
        loss.backward( )
        return loss
    optimizer.step(closure)
    #开始预测，此处不用追踪梯度
    with torch.no_grad( ):
        future = 1000
        pred = seq(test_input, future=future)
        loss = criterion(pred[:, :-future], test_target)
        print('test loss:', loss.item( ))
        y = pred.detach( ).numpy( )
    #画出结果
    plt.figure(figsize=(30,10))
    plt.title('Predict future values for time sequences\n(Dashlines are predicted values)', fontsize=30)
    plt.xlabel('x', fontsize=20)
    plt.ylabel('y', fontsize=20)
    plt.xticks(fontsize=20)
    plt.yticks(fontsize=20)
    def draw(yi, color):
        plt.plot(np.arange(input.size(1)), yi[:input.size(1)], color, linewidth = 2.0)
        plt.plot(np.arange(input.size(1), input.size(1) + future), yi[input.size(1):], color + ':',
                                              linewidth = 2.0)
    draw(y[0], 'r')
    draw(y[1], 'g')
    draw(y[2], 'b')
    plt.savefig('predict%d.pdf'%i)
    plt.close( )
```

STEP 0 运行结果如下：

```
STEP: 0
loss: 0.5023738122475343
…
loss: 0.0015402652769809953
test loss: 0.001300087615695608
```

STEP 0 预测结果如图 7.12 所示。

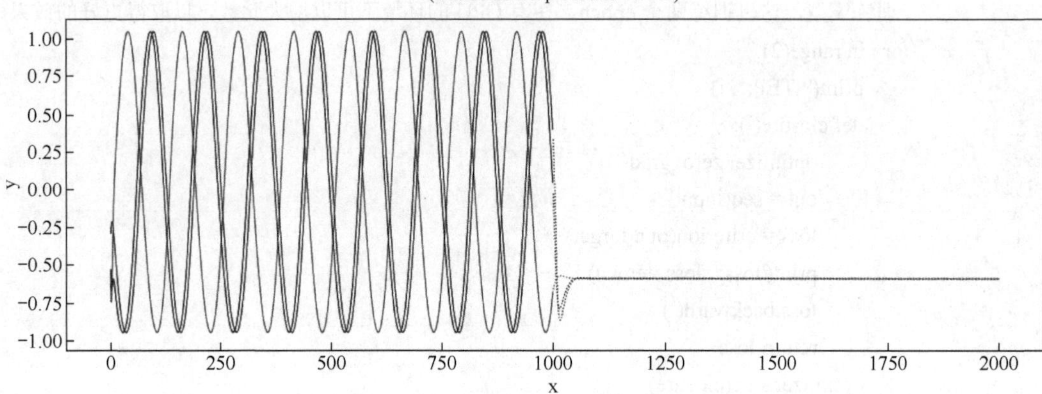

图 7.12 STEP 0 预测结果

STEP 1 运行结果如下：

```
STEP: 1
loss: 0.0012797646167827708
…
loss: 0.0003235219220588375
test loss: 0.000170051128950948
```

STEP 1 预测结果如图 7.13 所示。

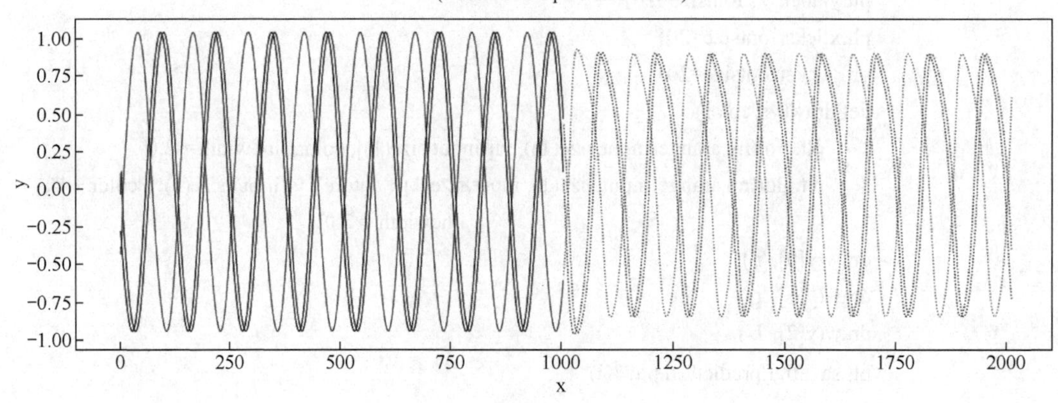

图 7.13 STEP 1 预测结果

在有 GPU 的环境下训练到 STEP 14，预测结果就非常好了，如图 7.14 所示。

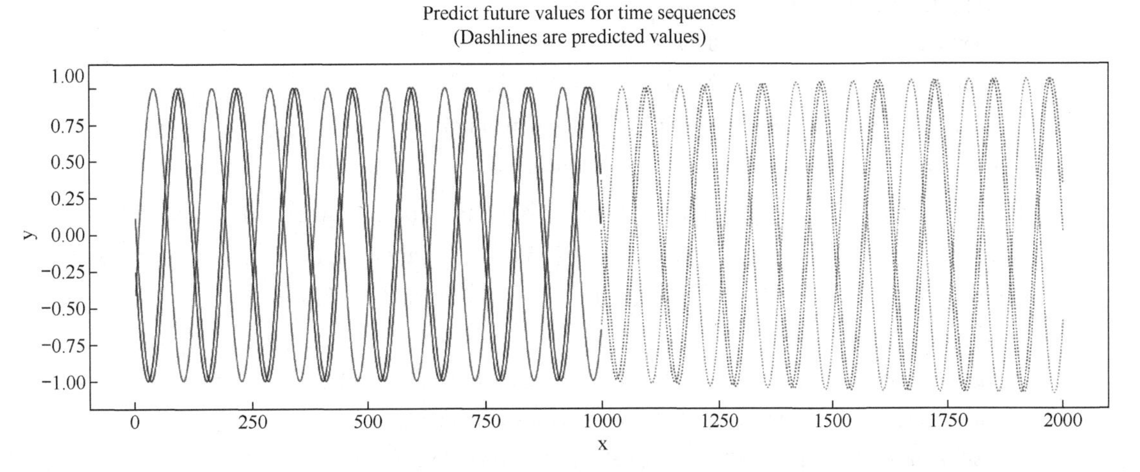

图 7.14　STEP 14 预测结果

7.3.3　长短时记忆神经网络实例 2

这个实例是亚马逊网站评论的情绪分析。训练集和测试集都是从 Kaggle 开放数据集网站上找到的亚马逊网站评论数据集。该数据集共包含 400 万条评论（360 万条作为训练数据、40 万条作为测试数据），每条评论都被标记为积极情绪或消极情绪。作为示例，本节仅使用其中 1 万条评论（8 000 条作为训练数据、2 000 条作为测试数据）来加快运行速度，如果读者的计算机中配置了 GPU，可以自行扩大使用的数据量。

这个实例的目标是创建一个 LSTM 模型，该模型能够准确地分类和区分评论的观点。为此，我们必须从数据预处理、建立模型和训练模型开始，最后测试模型。

在数据预处理中，使要用 regex、NumPy 和 NLTK（Natural Language Toolkit）库来实现一些简单的 NLP（自然语言处理）函数。由于数据被压缩为 bz2 格式，因此需要使用 Python bz2 模块来读取数据。首先将本书配套资源包中的 amazonreviews.zip 文件解压，解压出两个文件：test.ft.txt.bz2 和 train.ft.txt.bz2，将它们放在与程序相同的文件夹下。然后将资源包中的 punkt.zip 文件解压，解压出一个文件夹 punkt，将它也放在与程序相同的文件夹下。

编写代码如下：

```
import bz2
from collections import Counter
import re
import nltk
import numpy as np
nltk.download('punkt')

train_file = bz2.BZ2File('train.ft.txt.bz2')
test_file = bz2.BZ2File('test.ft.txt.bz2')
```

```
train_file = train_file.readlines( )
test_file = test_file.readlines( )
num_train = 8000        #把前 8 000 条评论作为训练数据
num_test = 2000         #使用 2 000 条评论作为测试数据
train_file = [x.decode('utf-8') for x in train_file[:num_train]]
test_file = [x.decode('utf-8') for x in test_file[:num_test]]
```

数据集中评论的格式是“__label__2 I would buy this produce again and again.”

首先，把评论中的标签提取出来。评论的格式为“__label__1/2 <句子>”，因此可以很容易地对其进行拆分。将积极情绪标签存储为 1，消极情绪标签存储为 0。

```
#从评论中提取标签
train_labels = [0 if x.split(' ')[0] == '__label__1' else 1 for x in train_file]
train_sentences = [x.split(' ', 1)[1][:-1].lower( ) for x in train_file]
test_labels = [0 if x.split(' ')[0] == '__label__1' else 1 for x in test_file]
test_sentences = [x.split(' ', 1)[1][:-1].lower( ) for x in test_file]
#简单清洗数据
for i in range(len(train_sentences)):
    train_sentences[i] = re.sub('\d', '0', train_sentences[i])
for i in range(len(test_sentences)):
    test_sentences[i] = re.sub('\d', '0', test_sentences[i])
```

将所有 url 更改为标准的，因为在大多数情况下，准确的 url 与用户情绪无关。

```
for i in range(len(train_sentences)):
    if 'www.' in train_sentences[i] or 'http:' in train_sentences[i] or 'https:' in train_sentences[i] or '.com' in \
            train_sentences[i]:
        train_sentences[i] = re.sub(r"([^ ]+(?<=\.[a-z]{3}))", "<url>", train_sentences[i])

for i in range(len(test_sentences)):
    if 'www.' in test_sentences[i] or 'http:' in test_sentences[i] or 'https:' in test_sentences[i] or '.com' in \
            test_sentences[i]:
        test_sentences[i] = re.sub(r"([^ ]+(?<=\.[a-z]{3}))", "<url>", test_sentences[i])
```

在快速清洗数据之后，需要对句子进行标记，这是一个标准的 NLP 任务。标记是指将句子分割成单个标记，这些标记可以是单词或标点符号等。有许多 NLP 库可以完成这一任务，如 spaCy、Scikit-learn、NLTK，这里使用 NLTK，因为它有一个更快的标记器。

标记后这些单词将被存储在字典中，并将被映射到它在所有训练数据中出现的次数的字典中。

```
words = Counter( )  #将一个单词映射到它在所有训练数据中出现的次数的字典中
for i, sentence in enumerate(train_sentences):
    #句子将以单词/标记列表的形式存储
    train_sentences[i] = []
    for word in nltk.word_tokenize(sentence):
```

```
            words.update([word.lower( )])  #将所有单词转换为小写字母
            train_sentences[i].append(word)
        if i%2000 == 0:
            print(str((i*100)/num_train) + "% done")
    print("100% done")
```

为了删除可能不存在的拼写错误和单词，我们删除整个过程中只出现过一次的所有单词。为了解释未知的单词和填充，还必须将它们添加到字典中，在字典中根据出现的次数对单词进行排序，最常用的单词排在第一位，字典中的每个单词都将被分配一个整数索引，然后映射到这个整数上。

```
#删除只出现过一次的单词
words = {k:v for k,v in words.items( ) if v>1}
#根据出现的次数对单词进行排序，最常用的单词排在第一位
words = sorted(words, key=words.get, reverse=True)
#分配索引
words = ['_PAD','_UNK'] + words
#将单词存储到索引映射的字典中，反之亦然
word2idx = {o:i for i,o in enumerate(words)}
idx2word = {i:o for i,o in enumerate(words)}
```

通过映射，将把句子中的单词转换为相应的索引。

```
for i, sentence in enumerate(train_sentences):
    #查找映射字典并将索引分配给相应的单词
    train_sentences[i] = [word2idx[word] if word in word2idx else 0 for word in sentence]
for i, sentence in enumerate(test_sentences):
    #对于测试数据，同样标记
    test_sentences[i] = [word2idx[word.lower( )] if word.lower( ) in word2idx else 0 for word in nltk.
                                                    word_tokenize(sentence)]
```

在最后的预处理步骤中，用 0 填充句子到固定长度并缩短长句子，以便批量训练数据，加快速度。

```
#定义一个函数，该函数可以缩短长句子或用 0 将句子填充到固定长度
def pad_input(sentences, seq_len):
    features = np.zeros((len(sentences), seq_len),dtype=int)
    for ii, review in enumerate(sentences):
        if len(review) != 0:
            features[ii, -len(review):] = np.array(review)[:seq_len]
    return features
seq_len = 200  #将填充句子/缩短句子的长度
train_sentences = pad_input(train_sentences, seq_len)
test_sentences = pad_input(test_sentences, seq_len)
#将标签转换成 NumPy
train_labels = np.array(train_labels)
```

```
test_labels = np.array(test_labels)
```

虽然数据集已经被分为训练集和测试集，但是仍然需要一组数据在训练期间进行验证。因此，我们将把整个测试集分为验证集和测试集，它们各包括整个测试集50%的数据。

```
split_frac = 0.5 #50%验证集，50%测试集
split_id = int(split_frac * len(test_sentences))
val_sentences, test_sentences = test_sentences[:split_id], test_sentences[split_id:]
val_labels, test_labels = test_labels[:split_id], test_labels[split_id:]
```

接下来，开始使用 PyTorch 库。首先根据句子和标签定义数据集，然后将它们加载到数据加载器中，将批量大小设置为200（读者可以根据自己的需要进行调整）。

```
import torch
from torch.utils.data import TensorDataset, DataLoader
import torch.nn as nn

train_data = TensorDataset(torch.from_numpy(train_sentences), torch.from_numpy(train_labels))
val_data = TensorDataset(torch.from_numpy(val_sentences), torch.from_numpy(val_labels))
test_data = TensorDataset(torch.from_numpy(test_sentences), torch.from_numpy(test_labels))
batch_size = 200
train_loader = DataLoader(train_data, shuffle=True, batch_size=batch_size)
val_loader = DataLoader(val_data, shuffle=True, batch_size=batch_size)
test_loader = DataLoader(test_data, shuffle=True, batch_size=batch_size)
```

还可以检查是否有 GPU 来加快训练进程。

```
#是否有 GPU，如果有，就使用它
is_cuda = torch.cuda.is_available( )
if is_cuda:
    device = torch.device("cuda")
else:
    device = torch.device("cpu")
```

定义模型的体系结构。在这个阶段，可以创建深层或由大量 LSTM 层堆叠在一起的神经网络。下面给出一个简单的模型，这个只有 LSTM 层和全连接层的模型，同样工作得非常好，并且需要的训练时间也很少。

在将句子输入 LSTM 层之前，在第一层中训练自己的“单词嵌入”算法。

```
class SentimentNet(nn.Module):
    def __init__(self, vocab_size, output_size, embedding_dim, hidden_dim, n_layers, drop_prob=0.5):
        super(SentimentNet, self).__init__( )
        self.output_size = output_size
        self.n_layers = n_layers
        self.hidden_dim = hidden_dim
        self.embedding = nn.Embedding(vocab_size, embedding_dim)
        self.lstm = nn.LSTM(embedding_dim, hidden_dim, n_layers, dropout=drop_prob, batch_first=True)
        self.dropout = nn.Dropout(drop_prob)
```

```
        self.fc = nn.Linear(hidden_dim, output_size)
        self.sigmoid = nn.Sigmoid( )
    def forward(self, x, hidden):
        batch_size = x.size(0)
        x = x.long( )
        embeds = self.embedding(x)
        lstm_out, hidden = self.lstm(embeds, hidden)
        lstm_out = lstm_out.contiguous( ).view(-1, self.hidden_dim)
        out = self.dropout(lstm_out)
        out = self.fc(out)
        out = self.sigmoid(out)
        out = out.view(batch_size, -1)
        out = out[:, -1]
        return out, hidden
    def init_hidden(self, batch_size):
        weight = next(self.parameters( )).data
        hidden = (weight.new(self.n_layers, batch_size, self.hidden_dim).zero_( ).to(device),
                  weight.new(self.n_layers, batch_size, self.hidden_dim).zero_( ).to(device))
        return hidden
```

我们可以加载预先训练好的“单词嵌入”算法，如 word2vec、GloVe 或 fastText，这样可以增加模型的准确性，减少训练时间。

【小知识】

单词嵌入（Word Embedding）是一种将文本中的词转换成数字向量的方法，为了使用标准机器学习算法对它们进行分析，就需要把这些单词转换成数字向量，以数字的形式输入。单词嵌入过程就是把一个维数为所有词数量的高维空间嵌入一个维数低得多的连续向量空间中，每个单词或词组被映射为实数域上的向量，单词嵌入的结果是生成了词向量。

在定义参数之后实例化模型，输出维度仅为 1，因为它只需要输出 1 或 0。定义学习率、损失函数和优化函数。

```
vocab_size = len(word2idx) + 1
output_size = 1
embedding_dim = 400
hidden_dim = 512
n_layers = 2
model = SentimentNet(vocab_size, output_size, embedding_dim, hidden_dim, n_layers)
model.to(device)
lr=0.005
```

```
criterion = nn.BCELoss( )
optimizer = torch.optim.Adam(model.parameters( ), lr=lr)
```

最后，训练模型。对每 10 个步骤，我们将根据验证集检查模型的输出，如果模型执行得比以前更好，就保存模型。

在 PyTorch 中，state_dict（模态字典）是一个简单的 Python 字典变量，存放模型的权重，可以在单独的时间或脚本中将其加载到具有相同架构的模型中。

```
epochs = 2
counter = 0
print_every = 10
clip = 5
valid_loss_min = np.Inf
model.train( )
for i in range(epochs):
    h = model.init_hidden(batch_size)
    for inputs, labels in train_loader:
        counter += 1
        h = tuple([e.data for e in h])
        inputs, labels = inputs.to(device), labels.to(device)
        model.zero_grad( )
        output, h = model(inputs, h)
        loss = criterion(output.squeeze( ), labels.float( ))
        loss.backward( )
        nn.utils.clip_grad_norm_(model.parameters( ), clip)
        optimizer.step( )
        if counter % print_every == 0:
            val_h = model.init_hidden(batch_size)
            val_losses = []
            model.eval( )
            for inp, lab in val_loader:
                val_h = tuple([each.data for each in val_h])
                inp, lab = inp.to(device), lab.to(device)
                out, val_h = model(inp, val_h)
                val_loss = criterion(out.squeeze( ), lab.float( ))
                val_losses.append(val_loss.item( ))
            model.train( )
            print("Epoch: {}/{}...".format(i + 1, epochs),
                  "Step: {}...".format(counter),
                  "Loss: {:.6f}...".format(loss.item( )),
                  "Val Loss: {:.6f}".format(np.mean(val_losses)))
            if np.mean(val_losses) <= valid_loss_min:
                torch.save(model.state_dict( ), 'state_dict.pt')
```

```
            print('Validation loss decreased ({:.6f} --> {:.6f}).  Saving model ...'.format(valid_loss_min,
            np.mean(val_losses)))
            valid_loss_min = np.mean(val_losses)
```

完成训练后，测试模型。首先从验证损失最小的地方加载模型权重，然后计算模型的准确率。

```
#加载最好的测试模型
model.load_state_dict(torch.load('state_dict.pt'))
test_losses = []
num_correct = 0
h = model.init_hidden(batch_size)
model.eval( )
for inputs, labels in test_loader:
    h = tuple([each.data for each in h])
    inputs, labels = inputs.to(device), labels.to(device)
    output, h = model(inputs, h)
    test_loss = criterion(output.squeeze( ), labels.float( ))
    test_losses.append(test_loss.item( ))
    pred = torch.round(output.squeeze( ))
    correct_tensor = pred.eq(labels.float( ).view_as(pred))
    correct = np.squeeze(correct_tensor.cpu( ).numpy( ))
    num_correct += np.sum(correct)
print("Test loss: {:.3f}".format(np.mean(test_losses)))
test_acc = num_correct/len(test_loader.dataset)
print("Test accuracy: {:.3f}%".format(test_acc*100))
```

运行结果如下：

```
0.0% done
25.0% done
50.0% done
75.0% done
100% done
Epoch: 1/2... Step: 10... Loss: 0.664066... Val Loss: 0.688410
Validation loss decreased (inf --> 0.688410).  Saving model ...
Epoch: 1/2... Step: 20... Loss: 0.618526... Val Loss: 0.635572
Validation loss decreased (0.688410 --> 0.635572).  Saving model ...
Epoch: 1/2... Step: 30... Loss: 0.616959... Val Loss: 0.686680
Epoch: 1/2... Step: 40... Loss: 0.603040... Val Loss: 0.616631
Validation loss decreased (0.635572 --> 0.616631).  Saving model ...
Epoch: 2/2... Step: 50... Loss: 0.509811... Val Loss: 0.661653
Epoch: 2/2... Step: 60... Loss: 0.474757... Val Loss: 0.546487
Validation loss decreased (0.616631 --> 0.546487).  Saving model ...
Epoch: 2/2... Step: 70... Loss: 0.388675... Val Loss: 0.439631
Validation loss decreased (0.546487 --> 0.439631).  Saving model ...
```

```
Epoch: 2/2... Step: 80... Loss: 0.425772... Val Loss: 0.449663
Test loss: 0.416
Test accuracy: 82.800%
```

本章小结

本章介绍了能够考虑时间序列信息的循环神经网络，又针对循环神经网络容易出现的梯度消失或梯度爆炸问题，介绍了长短时记忆神经网络（LSTM），包括 LSTM 的结构和原理，最后给出了两个实例：第一个是 LSTM 在学习了正弦波之后，试图预测未来的信号值；第二个是亚马逊网站评论的情绪分析。

习　题

1．填空题

（1）随时间变化的反向传播算法（Backpropagation Through Time，BPTT）无法解决长时依赖问题，因为 BPTT 会带来梯度消失或______________问题。

（2）RNN 在训练模型时采用的反向传播算法是________________________。

（3）RNN 存在的问题是梯度消失或______________。

（4）LSTM 由四个输入一个输出组成：除了和其他网络一样有输入、输出外，还有控制输入的____________，控制是否清空记忆单元的______________，控制是否输入记忆单元的______________。

（5）前向 RNN 只将前面部分的内容不断地向后一个 RNN 传递，这样带来的缺陷是____。

2．选择题

（1）以下哪个不是 RNN 擅长的工作？（　　）

A. 机器写小说　　B. 语音识别
C. 文本生成　　D. 从网上爬取数据

（2）以下不是 LSTM 结构的是（　　）。

A. 输入门　　B. 遗忘门　　C. 输出门　　D. 开关门

（3）双向 RNN 的工作过程是（　　）。

A. 先正向传递一次，再反向传递一次，将两者的值混合，再传入网络中一次
B. 先反向传递一次，再正向传递一次，将两者的值混合，再传入网络中一次
C. 先正向传递一次，再反向传递一次。
D. 在网络中随机传递

（4）对于梯度爆炸，可以用（　　）或挤压渐变来解决。

A. 截断　B. 退化　C. 扩大范围　D. 补充

（5）Kaggle 是一个（　）网站。

A. 开放数据集　B. 大数据数据集　C. 论文检索　D. 期刊

3. 简答题

（1）画出 Sigmoid 函数和 tanh 函数的图像。

（2）补全图 7.15 中 LSTM 抽象图中的 2、3、4 部分。

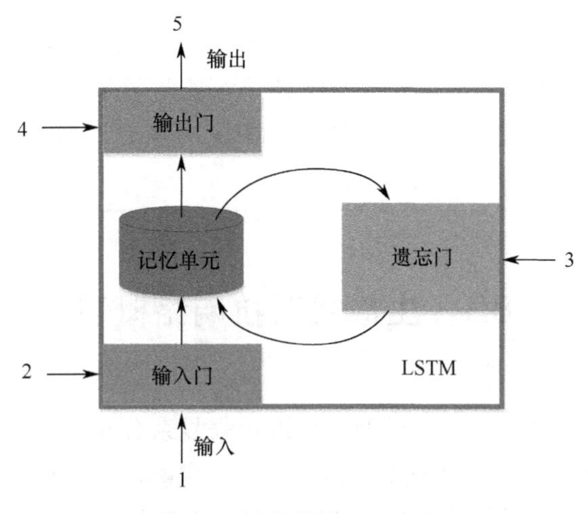

图 7.15　简答题第（2）题图

实　　验

1. 用循环神经网络给 MNIST 数据集分类。

2. 课外扩展题目：请根据 GitHub 上中文诗词爱好者收集的 5 万多首唐诗的数据集（https://github.com/chinese-poetry/chinese-poetry），用 LSTM 写出一首唐诗。

第8章　生成式对抗网络

导读

2014年，Ian Goodfellow提出了生成式对抗网络（Generative Adversarial Network，GAN）。在随后的几年中，生成式对抗网络成了深度学习领域内热门的概念之一，包括Yann LeCun在内的许多学者都认为，生成式对抗网络的出现将会大大推进人工智能向无监督学习发展。

8.1　生成式对抗网络概述

生成式对抗网络是一种深度学习模型，是近年来复杂分布上的无监督学习中最具前景的模型之一，常用于生成以假乱真的图片，还可用于生成影片、三维物体模型等。生成式对抗网络至少包括两个模块：生成模块和判别模块，它们互相博弈，产生相当好的输出。在原始理论中，生成式对抗网络并不要求生成模块和判别模块都是神经网络，只需要它们能拟合相应生成和判别的函数即可。但在实际应用中，一般我们均使用深度神经网络作为生成模块和判别模块（称为生成网络和判别网络）。使用生成式对抗网络时，需要有良好的训练方法，否则可能由于神经网络的自由性导致输出不理想。

目前，在原始生成式对抗网络的基础上，发展出了很多特别的生成式对抗网络，如条件生成式对抗网络（CGAN）、最小二乘生成式对抗网络（LSGAN）、边界均衡生成式对抗网络（BEGAN）、渐进增大生成式对抗网络（PGGAN）、Wasserstein 生成式对抗网络（WGAN）、循环生成式对抗网络（CycleGAN）等，这些网络被开发者戏称为“GAN的动物园”。

8.1.1　生成式对抗网络的原理

生成式对抗网络是通过一定的方法模拟出数据的概率分布的模型，目的是使得这种概率分布与某种观测数据的概率分布一致或尽可能接近，这个尽可能接近的标准是达到纳什平衡（Nash Equilibrium）。

下面通过一个例子简单介绍一下纳什平衡。

市场上有两家企业甲和乙，都是销售某产品的，产品成本都是2元，且甲和乙的售价都是5元。有一天甲降价到4元，于是甲的销量大大增加，乙的销量大大减少。乙看到后，降价到3元，于是乙的销量大大增加，甲的销量大大减少。但如果价格战一直这样打下去，对谁也没有好处，于是甲也选择降价到 3 元，和乙一样。乙看到了甲降价到 3 元，既不敢涨价，也不敢降价，此时甲和乙都不会再做改变，这就达到了纳什平衡。

了解了纳什平衡，再来学习生成式对抗网络的原理。设生成式对抗网络中的两个模块分别为生成网络 G（Generator）和判别网络 D（Discriminator）。G 生成新的数据实例，D 评估它们的真实性，即评估这些数据实例是否属于实际训练数据集。G 接收一个随机噪声 z，通过这个噪声生成数据，记为 $G(z)$。D 的输入参数是 x，x 代表一个数据，输出 $D(x)$代表 x 为真实数据的概率，如果为 1，就代表 100%是真实数据，而如果为 0，就代表不可能是真实数据。在训练过程中，G 的目标是尽量让生成数据与真实数据一致，去欺骗 D。而 D 的目标是尽量把 G 生成的数据和真实数据区分开。循环交替地优化 G 和 D 来训练所需要的生成网络与判别网络，直到达到纳什平衡。所谓循环交替地优化，就是先固定 G、训练 D，一段时间后，再固定 D、训练 G，不断重复上述过程，直到损失函数收敛。这样，G 和 D 构成了一个动态的“博弈过程”。生成式对抗网络的原理如图 8.1 所示。

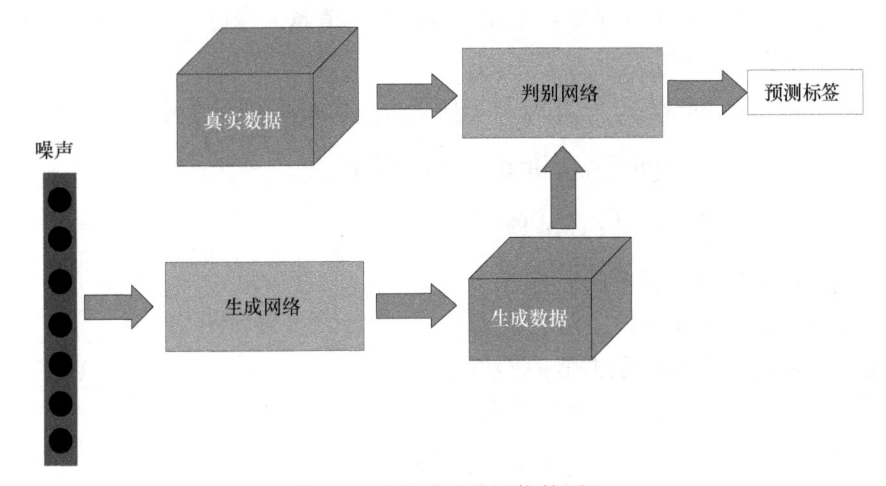

图 8.1　生成式对抗网络的原理

博弈的结果是什么？在最理想的状态下，G 可以生成足以“以假乱真”的数据 $G(z)$。对于 D 来说，它难以判定 G 生成的数据究竟是不是真实的，因此 $D(G(z))=0.5$。

下面进行数学推导。设真实数据为 x，随机噪声为 z，那么生成式对抗网络的优化目标为

$$\min_G \max_D V(D,G)$$

$$V(D,\ G)=E_{x\sim p_{\text{data}}(x)}[\log D(x)]+E_{z\sim p_z(z)}[\log(1-D(G(z))]$$

这个式子表示的是 D 想办法增加 V 的值，G 想办法减小 V 的值，两者在相互对抗。怎样达到这个优化目标的纳什平衡呢？下面给出训练过程。

1. 固定 G、训练 D

优化目标：

$$\max_D (E_{x\sim p_{\text{data}}(x)}[\log D(x)]+E_{z\sim p_z(z)}[\log(1-D(G(z))])$$

训练 D 的目的是希望 V 的值越大越好。真实数据希望被 D 分成 1，生成数据希望被 D

分成 0。

对于 $\log D(x)$，如果有一个真实数据被分错，那么 $\log D(x) \ll 0$，其期望会变成负无穷大。对于 $\log(1-D(G(z))$，如果有一个生成数据被错分成 1，那么 $\log(1-D(G(z)) \ll 0$，其期望也会变成负无穷大。

如果很多数据被分错，就会出现很多负无穷大，说明可以优化的空间还有很多。此时，可以修正参数，使 V 的值增大。

2. 固定 D、训练 G

训练 G 的目的是希望 V 的值越小越好，让 D 区分不开真假数据。优化目标：

$$\min_G(E_{x\sim p_{\text{data}}(x)}[\log D(x)] + E_{z\sim p_z(z)}[\log(1-D(G(z))])$$

因为目标函数的第一项不包含 G，因此是常数，可以直接忽略。

对于 G 来说，它希望 D 在划分它生成的数据时，值越大越好，它希望生成的数据被 D 划分成 1（真实数据）。因此

$$\begin{aligned}
&\min_G(E_{x\sim p_{\text{data}}(x)}[\log D(x)] + E_{z\sim p_z(z)}[\log(1-D(G(z))]) \\
&\Rightarrow \min_G(E_{z\sim p_z(z)}[\log(1-D(G(z))]) \\
&\Rightarrow \max_G(E_{z\sim p_z(z)}[\log(D(G(z))])
\end{aligned}$$

下面证明 V 是可以收敛到最优解的。

（1）证明全局最优解存在。

（2）证明全局最优解在训练过程中收敛。

首先固定 G、训练 D，D 的最佳情况为

$$D_G^*(x) = \frac{p_{\text{data}}(x)}{p_{\text{data}}(x) + p_{\text{g}}(x)}$$

其中，$p_{\text{data}}(x)$ 表示 G 生成的数据的概率分布，$p_{\text{g}}(x)$ 表示真实数据的概率分布。

第一步：证明 $D_G^*(x)$ 是最优解。

由于 V 是连续的，所以期望可以写成积分的形式：

$$\begin{aligned}
V(D,G) &= E_{x\sim p_{\text{data}}(x)}[\log D(x)] + E_{z\sim p_z(z)}[\log(1-D(G(z))] \\
&= \int_x p_{\text{data}}(x)\log(D(x))\mathrm{d}x + \int_z p_z(z)\log(1-D(G(z)))\mathrm{d}z
\end{aligned}$$

$$\begin{aligned}
x = G(z) &\Rightarrow z = G^{-1}(x) \Rightarrow \mathrm{d}z = (G^{-1})'(x)\mathrm{d}x \\
&\Rightarrow p_{\text{g}}(x) = p_z(\mathrm{G}^{-1}(x))(G^{-1})'(x)
\end{aligned}$$

$$\begin{aligned}
V(D,G) &= \int_x p_{\text{data}}(x)\log(D(x))\mathrm{d}x + \int_x p_z(G^{-1}(x))\log(1-D(x))(G^{-1})'(x)\mathrm{d}x \\
&= \int_x p_{\text{data}}(x)\log(D(x))\mathrm{d}x + \int_x p_{\text{g}}(x)\log(1-D(x))\mathrm{d}x \\
&= \int_x[p_{\text{data}}(x)\log(D(x)) + p_{\text{g}}(x)\log(1-D(x))]\mathrm{d}x
\end{aligned}$$

然后最大化 V：

$$\max_D V(D,G) = \max_D \int_x[p_{\text{data}}(x)\log(D(x)) + p_{\text{g}}(x)\log(1-D(x))]\mathrm{d}x$$

对 V 进行求导并令导数等于 0，求解出来的最优解与 $D_G^*(x)$ 结果一样。

$$\frac{\partial}{\partial D(x)}\left[p_{\text{data}}(x)\log(D(x))+p_{\text{g}}(x)\log(1-D(x))\right]=0$$

$$\Rightarrow \frac{p_{\text{data}}(x)}{D(x)}-\frac{p_{\text{g}}(x)}{1-D(x)}=0$$

$$\Rightarrow D(x)=\frac{p_{\text{data}}(x)}{p_{\text{data}}(x)+p_{\text{g}}(x)}$$

第二步： 假设我们已经知道 $D_G^*(x)$ 是 $D(x)$ 的最优解了，$G(z)$ 想要得到最优解的情况是：G 生成的数据的概率分布要和真实数据的概率分布一致，即

$$p_{\text{data}}(x)=p_{\text{g}}(x)$$

在这个条件下，$D_G^*(x)=0.5$。

接下来看看 $G(z)$ 的最优解是什么，因为这时已经找到了 $D(x)$ 的最优解，所以只需要调整 G。假设

$$\begin{aligned}C(G)&=\max_D V(G,D)\\&=\max_D \int_x[p_{\text{data}}(x)\log(D(x))+p_{\text{g}}(x)\log(1-D(x))]\mathrm{d}x\end{aligned}$$

我们已经得到了最优解 $D_G^*(x)$，可以直接把它代入并去掉前面的 $\max\limits_D$，得

$$\begin{aligned}C(G)&=\int_x[p_{\text{data}}(x)\log(D_G^*(x))+p_{\text{g}}(x)\log(1-D_G^*(x))]\mathrm{d}x\\&=\int_x\left[p_{\text{data}}(x)\log\left(\frac{p_{\text{data}}(x)}{p_{\text{data}}(x)+p_{\text{g}}(x)}\right)+p_{\text{g}}(x)\log\left(\frac{p_{\text{g}}(x)}{p_{\text{data}}(x)+p_{\text{g}}(x)}\right)\right]\mathrm{d}x\end{aligned}$$

然后将 log 里面的式子的分子分母都除以 2，两个分子在 log 里面除以 2 相当于在 log 外面 $-\log(4)$，可以直接提出来。又发现可以把 KL 散度（Kullback-Leibler Divergence，用来比较两个概率分布的接近程度）代入，来求解 $C(G)$ 的最小值，得

$$\begin{aligned}C(G)&=\int_x\left[p_{\text{data}}(x)\log\left(\frac{p_{\text{data}}(x)}{\frac{p_{\text{data}}(x)+p_{\text{g}}(x)}{2}}\right)+p_{\text{g}}(x)\log\left(\frac{p_{\text{g}}(x)}{\frac{p_{\text{data}}(x)+p_{\text{g}}(x)}{2}}\right)\right]\mathrm{d}x-\log(4)\\&=\mathrm{KL}[p_{\text{data}}(x)\|\frac{p_{\text{data}}(x)+p_{\text{g}}(x)}{2}]+\mathrm{KL}[p_{\text{g}}(x)\|\frac{p_{\text{data}}(x)+p_{\text{g}}(x)}{2}]-\log(4)\end{aligned}$$

由于 KL 散度是大于等于 0 的，所以 $C(G)$ 的最小值是 $-\log(4)$。

$$\min_G C(G)=0+0-\log(4)=-\log(4)$$

当且仅当

$$p_{\text{data}}(x)=\frac{p_{\text{data}}(x)+p_{\text{g}}(x)}{2}$$

即

$$p_{\mathrm{data}}(x) = p_{\mathrm{g}}(x)$$

时成立。所以证明了当 G 生成的数据的概率分布和真实数据的概率分布一致时，$C(G)$ 取得最小值，也就是最优解。

8.1.2 生成式对抗网络的代码实现

第一步：导入包。

```
import utils, torch, time, os, pickle
import numpy as np
import torch.nn as nn
import torch.optim as optim
from torch.utils.data import DataLoader
from torchvision import datasets, transforms
```

第二步：建立生成网络。

```
class generator(nn.Module):
    #网络结构：FC1024_BR-FC7x7x128_BR-(64)4dc2s_BR-(1)4dc2s_S
    def __init__(self, input_dim=100, output_dim=1, input_size=32):
        super(generator, self).__init__( )
        self.input_dim = input_dim
        self.output_dim = output_dim
        self.input_size = input_size
        self.fc = nn.Sequential(
            nn.Linear(self.input_dim, 1024),
            nn.BatchNorm1d(1024),
            nn.ReLU( ),
            nn.Linear(1024, 128 * (self.input_size // 4) * (self.input_size // 4)),
            nn.BatchNorm1d(128 * (self.input_size // 4) * (self.input_size // 4)),
            nn.ReLU( ),
        )
        self.deconv = nn.Sequential(
            nn.ConvTranspose2d(128, 64, 4, 2, 1),
            nn.BatchNorm2d(64),
            nn.ReLU( ),
            nn.ConvTranspose2d(64, self.output_dim, 4, 2, 1),
            nn.Tanh( ),
        )
        utils.initialize_weights(self)
```

```
    def forward(self, input):
        x = self.fc(input)
        x = x.view(-1, 128, (self.input_size // 4), (self.input_size // 4))
        x = self.deconv(x)
        return x
```

第三步：建立判别网络。

```
class discriminator(nn.Module):
    #网络结构：(64)4c2s-(128)4c2s_BL-FC1024_BL-FC1_S
    def __init__(self, input_dim=1, output_dim=1, input_size=32):
        super(discriminator, self).__init__( )
        self.input_dim = input_dim
        self.output_dim = output_dim
        self.input_size = input_size
        self.conv = nn.Sequential(
            nn.Conv2d(self.input_dim, 64, 4, 2, 1),
            nn.LeakyReLU(0.2),
            nn.Conv2d(64, 128, 4, 2, 1),
            nn.BatchNorm2d(128),
            nn.LeakyReLU(0.2),
        )
        self.fc = nn.Sequential(
            nn.Linear(128 * (self.input_size // 4) * (self.input_size // 4), 1024),
            nn.BatchNorm1d(1024),
            nn.LeakyReLU(0.2),
            nn.Linear(1024, self.output_dim),
            nn.Sigmoid( ),
        )
        utils.initialize_weights(self)

    def forward(self, input):
        x = self.conv(input)
        x = x.view(-1, 128 * (self.input_size // 4) * (self.input_size // 4))
        x = self.fc(x)
        return x
```

第四步：导入需要的数据集。

这里导入的是 Fashion-MNIST 数据集。经典的 MNIST 数据集包含了大量的手写数字图片，已经在第 5 章介绍过。Fashion-MNIST 数据集中的图片不再是手写数字图片，而是更加具象化的人类必需品——服装的图片，共包括 10 个类别，如表 8.1 所示。Fashion-MNIST 数据集包括来自 10 个类别的共 7 万张不同服装正面的图片。Fashion-MNIST 数据集的大小、格式和训练集/测试集划分与经典的 MNIST 数据集完全一致（60 000/10 000 的训练集/测试集划分，28×28 的灰度图片，所有图片都有标签）。

表 8.1　Fashion-MNIST 数据集

类　别	描　述
0	T 恤（T-shirt/Top）
1	裤子（Trouser）
2	套头衫（Pullover）
3	连衣裙（Dress）
4	外套（Coat）
5	凉鞋（Sandal）
6	衬衫（Shirt）
7	运动鞋（Sneaker）
8	包（Bag）
9	靴子（Ankle boot）

图 8.2 给出了 Fashion-MNIST 数据集中的图例。

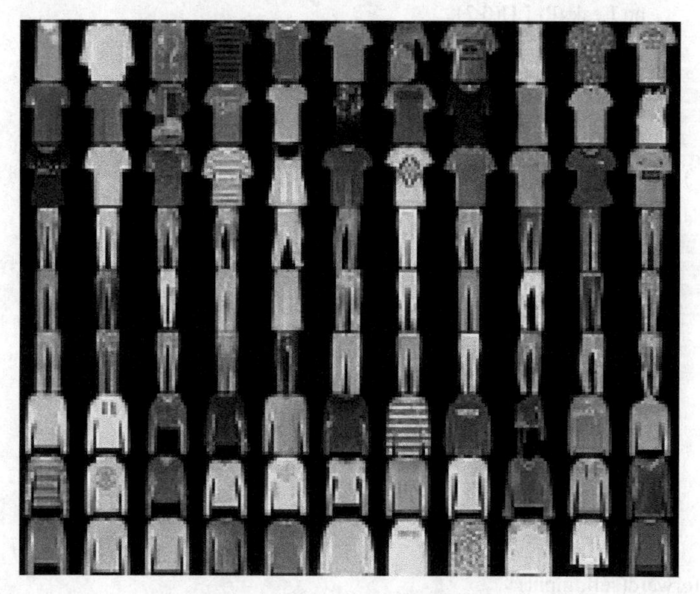

图 8.2　Fashion-MNIST 数据集

导入数据集的代码如下：

```
def dataloader(dataset, input_size, batch_size, split='train'):
    #transform = transforms.Compose([transforms.Resize((input_size, input_size)), transforms.ToTensor( ),
                            transforms.Normalize(mean=(0.5, 0.5, 0.5), std=(0.5, 0.5, 0.5))])
    transform = transforms.Compose([transforms.Resize((input_size, input_size)), transforms.ToTensor( ),
                                    transforms.Normalize(mean=(0.5, ), std=(0.5, ))])
    data_loader = DataLoader(
            datasets.FashionMNIST('./data', train=True, download=True, transform=transform),
```

```
            batch_size=batch_size, shuffle=True)
    return data_loader
```

第五步：定义 GAN 类，以便生成对象。

这里给出了很多参数，如迭代次数（epoch）、生成图片的张数（batch_size）等。

```
class GAN(object):
    def __init__(self, args):
        #parameters
        self.epoch = 50
        self.sample_num = 100
        self.batch_size = 64
        self.save_dir = r'C:\Users\Administrator\Desktop\PyTorch\运行的程序\BOOK\models'
        self.result_dir = r'C:\Users\Administrator\Desktop\PyTorch\运行的程序\BOOK\results'
        self.dataset = 'fashion-mnist' #指定数据集
        self.log_dir = r'C:\Users\Administrator\Desktop\PyTorch\运行的程序\BOOK\logs'
        #指定存储生成的 log 文件的位置
        self.gpu_mode = True          #如果有 GPU，则使用
        self.model_name = GAN         #生成的模型名称为 GAN
        self.input_size = 28          #定义输入数据的大小
        self.z_dim = 62               #定义噪声
        #加载数据集
        self.data_loader = dataloader(self.dataset, self.input_size, self.batch_size)
        data = self.data_loader.__iter__( ).__next__( )[0]
        #网络初始化
        self.G = generator(input_dim=self.z_dim, output_dim=data.shape[1], input_size=self.input_size)
        self.D = discriminator(input_dim=data.shape[1], output_dim=1, input_size=self.input_size)
        self.G_optimizer = optim.Adam(self.G.parameters( ), lr=0.002, betas=(0.5, 0.999))
        self.D_optimizer = optim.Adam(self.D.parameters( ), lr=0.002, betas=(0.5, 0.999))
        if self.gpu_mode:
            self.G.cuda( )
            self.D.cuda( )
            self.BCE_loss = nn.BCELoss( ).cuda( )
        else:
            self.BCE_loss = nn.BCELoss( )
        #输出 G 和 D 的结构
        print('---------- Networks architecture -------------')
        utils.print_network(self.G)
        utils.print_network(self.D)
        print('-----------------------------------------------')
```

```
        #fixed noise
        self.sample_z_ = torch.rand((self.batch_size, self.z_dim))
        if self.gpu_mode:
            self.sample_z_ = self.sample_z_.cuda( )
    #定义训练过程
    def train(self):
        self.train_hist = {}
        self.train_hist['D_loss'] = []
        self.train_hist['G_loss'] = []
        self.train_hist['per_epoch_time'] = []
        self.train_hist['total_time'] = []
        self.y_real_, self.y_fake_ = torch.ones(self.batch_size, 1), torch.zeros(self.batch_size, 1)
        if self.gpu_mode:
            self.y_real_, self.y_fake_ = self.y_real_.cuda( ), self.y_fake_.cuda( )
        #训练 D
        self.D.train( )
        print('training start!!')
        start_time = time.time( )
        for epoch in range(self.epoch):
            self.G.train( )
            epoch_start_time = time.time( )
            for iter, (x_, _) in enumerate(self.data_loader):
                if iter == self.data_loader.dataset.__len__( ) // self.batch_size:
                    break
                z_ = torch.rand((self.batch_size, self.z_dim))
                if self.gpu_mode:
                    x_, z_ = x_.cuda( ), z_.cuda( )
                #更新 D
                self.D_optimizer.zero_grad( )
                D_real = self.D(x_)
                D_real_loss = self.BCE_loss(D_real, self.y_real_)
                G_ = self.G(z_)
                D_fake = self.D(G_)
                D_fake_loss = self.BCE_loss(D_fake, self.y_fake_)
                D_loss = D_real_loss + D_fake_loss
                self.train_hist['D_loss'].append(D_loss.item( ))
```

```
            D_loss.backward( )
            self.D_optimizer.step( )
            #更新 G
            self.G_optimizer.zero_grad( )
            G_ = self.G(z_)
            D_fake = self.D(G_)
            G_loss = self.BCE_loss(D_fake, self.y_real_)
            self.train_hist['G_loss'].append(G_loss.item( ))
            G_loss.backward( )
            self.G_optimizer.step( )
            if ((iter + 1) % 100) == 0:
                print("Epoch: [%2d] [%4d/%4d] D_loss: %.8f, G_loss: %.8f" %
                      ((epoch + 1), (iter + 1), self.data_loader.dataset.__len__( ) // self.batch_size,
                                                      D_loss.item( ), G_loss.item( )))
        self.train_hist['per_epoch_time'].append(time.time( ) - epoch_start_time)
        with torch.no_grad( ):
            self.visualize_results((epoch+1))
    self.train_hist['total_time'].append(time.time( ) - start_time)
    print("Avg one epoch time: %.2f, total %d epochs time: %.2f" % (np.mean(self.train_ hist['per_
                                         epoch_time']), self.epoch, self.train_hist['total_time'][0]))
    print("Training finish!... save training results")
#将训练好的模型显示出来
def visualize_results(self, epoch, fix=True):
    self.G.eval( )
    if not os.path.exists(r'C:\Users\Administrator\Desktop\PyTorch\运行的程序\BOOK\results\fashion-
                                                                     mnist\GAN'):
        os.makedirs(r'C:\Users\Administrator\Desktop\PyTorch\运行的程序\BOOK\results\ fashion-
                                                                     mnist\GAN')
    tot_num_samples = min(self.sample_num, self.batch_size)
    image_frame_dim = int(np.floor(np.sqrt(tot_num_samples)))
    if fix:
        #噪声如下
        samples = self.G(self.sample_z_)
    else:
        #随机噪声
        sample_z_ = torch.rand((self.batch_size, self.z_dim))
        if self.gpu_mode:
```

```
                sample_z_ = sample_z_.cuda( )
            samples = self.G(sample_z_)
        if self.gpu_mode:
            samples = samples.cpu( ).data.numpy( ).transpose(0, 2, 3, 1)
        else:
            samples = samples.data.numpy( ).transpose(0, 2, 3, 1)
        samples = (samples + 1) / 2
        utils.save_images(samples[:image_frame_dim * image_frame_dim, :, :, :], [image_frame_dim,
        image_frame_dim],r'C:\Users\Administrator\Desktop\PyTorch\运行的程序\BOOK\results\
        fashion-mnist\GAN' + '_epoch%03d' % epoch + '.png') #保存训练好的图片
    def save(self):
        save_dir = r'C:\Users\Administrator\Desktop\PyTorch\运行的程序\BOOK\results\fashion-
                                mnist\GAN'   #设置保存训练好的图片的路径
        torch.save(self.G.state_dict( ), os.path.join(r'C:\Users\Administrator\Desktop\PyTorch\运行的
                        程序\BOOK\results\fashion-mnist\GAN' + '_G.pkl'))   #保存 G
        torch.save(self.D.state_dict( ), os.path.join(r'C:\Users\Administrator\Desktop\PyTorch\运行的
                        程序\BOOK\results\fashion-mnist\GAN' + '_D.pkl'))   #保存 D
        with open(os.path.join(r'C:\Users\Administrator\Desktop\PyTorch\运行的程序\BOOK\results\
                                fashion-mnist\GAN' + '_history.pkl'), 'wb') as f:
            pickle.dump(self.train_hist, f)
    def load(self):
        save_dir = r'C:\Users\Administrator\Desktop\PyTorch\运行的程序\BOOK\results\fashion-
                                                mnist\GAN'
        self.G.load_state_dict(torch.load(r'C:\Users\Administrator\Desktop\PyTorch\运行的程序\BOOK\
                                results\fashion-mnist\GAN' + '_G.pkl'))
        self.D.load_state_dict(torch.load(r'C:\Users\Administrator\Desktop\PyTorch\运行的程序\BOOK\
                                results\fashion-mnist\GAN' + '_D.pkl'))
#生成 GAN 实例 gan
gan = GAN(object)
gan.train( )
print(" [*] Training finished!")
#visualize learned generator
gan.visualize_results(2)
print(" [*] Testing finished!")
```

epoch = 10 时的训练结果如图 8.3 所示。

图 8.3　epoch = 10 时的训练结果

epoch = 38 时的训练结果如图 8.4 所示。

图 8.4　epoch = 38 时的训练结果

可见，随着训练次数的增加，训练结果会变好，但当训练次数增加到一定程度后，训练结果不仅不会变好，还会变坏。图 8.5 所示的是 epoch = 50 时的训练结果。

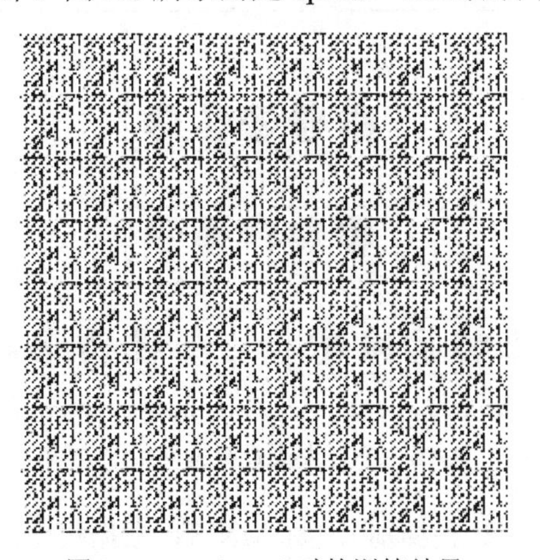

图 8.5　epoch = 50 时的训练结果

这是因为原始生成式对抗网络在训练过程中非常不稳定。

8.2 条件生成式对抗网络

在原始生成式对抗网络中，生成网络是通过输入一些满足某种概率分布的随机数来实现的。而在条件生成式对抗网络中，要先将随机数与标签类别做拼接，再将其输入生成网络，生成所需要的数据。对判别网络，也要将真实数据或生成数据与对应的标签类别做拼接，再将其输入判别网络进行识别和判断。

由 8.1 节可知，生成式对抗网络的优化目标为

$$\min_G \max_D V(D,G)$$

$$V(D,G) = E_{x\sim p_{\text{data}}(x)}[\log D(x)] + E_{z\sim p_z(z)}[\log(1-D(G(z))]$$

对于条件生成式对抗网络来说，优化目标为

$$\min_G \operatorname{man}_D V(D,G)$$

$$V(D,G) = E_{x\sim p_{\text{data}}(x)}[\log D(x\mid y)] + E_{z\sim p_z(z)}[\log(1-D(G(z\mid y)\mid y))]$$

这个变化概括来说就是将原来只接收一个输入 z 的生成网络，变成接收两个输入：z 和 y，将原来只接收一个输入 x 的判别网络，变成接收两个输入：x 和 y。

条件生成式对抗网络的结构如图 8.6 所示。

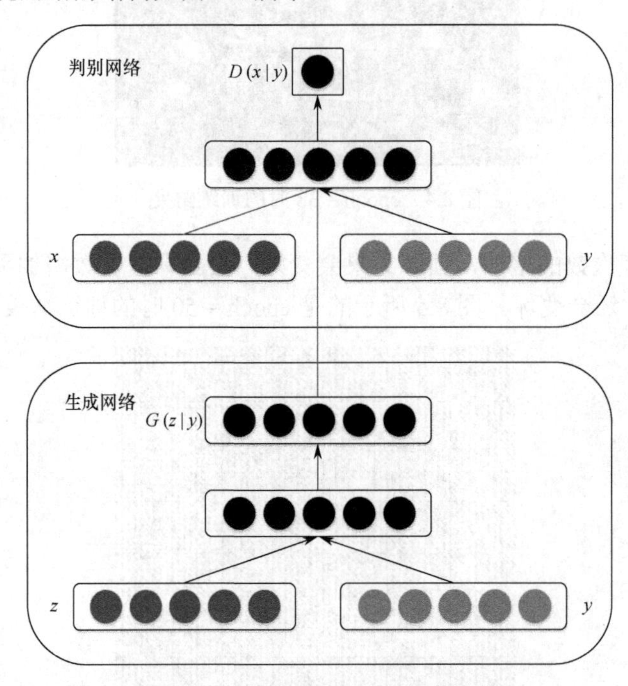

图 8.6 条件生成式对抗网络的结构

y 就是加入的监督信息（标签类别），如 MNIST 数据集中的数字 label 信息，人脸数据中的性别、是否微笑、年龄等信息。

8.3　最小二乘生成式对抗网络

最小二乘生成式对抗网络针对原始生成式对抗网络的生成图片质量不高及训练过程不稳定这两个缺陷进行了改进。改进方法是将原始生成式对抗网络的目标函数中的交叉熵损失函数换成最小二乘损失函数，这一个改变同时解决了这两个缺陷。

原始生成式对抗网络以交叉熵作为损失函数，使得生成网络不再优化那些被判别网络识别为真实数据的生成数据，即使这些生成数据的质量并不高。为什么生成网络不再优化那些生成数据呢？因为生成网络已经完成了我们为它设定的目标——尽可能地混淆判别网络，所以交叉熵损失函数已经很小了。而最小二乘损失函数采取不一样的策略，要想让最小二乘损失函数比较小，在混淆判别网络的前提下还需要让生成网络把距离决策边界比较远的生成数据拉向决策边界。为什么最小二乘损失函数可以使得原始生成式对抗网络的训练更稳定呢？因为交叉熵损失函数很容易就会达到饱和状态（饱和状态是指梯度为 0），而最小二乘损失函数只在一个点上能达到饱和状态。

最小二乘生成式对抗网络的优化目标为

$$\min_D J(D) = \min_D \left(\frac{1}{2} E_{x\sim p_r(x)}[D(x)-a]^2 + \frac{1}{2} E_{z\sim p_z(z)}[D(G(z))-b]^2 \right)$$

$$\min_G J(G) = \min_G \frac{1}{2}\left(E_{z\sim p_z(z)}[D(G(z))-c]^2 \right)$$

其中，随机变量 z 服从标准正态分布。常数 a、b 分别表示真实数据和生成数据的标记；c 是生成网络为了让判别网络认为生成数据是真实数据而设定的值。

本章小结

“魔高一尺，道高一丈”用来形容生成网络和判别网络最合适了，在生成网络和判别网络的博弈中，人们期望的图片、视频、动画等就产生了，生成式对抗网络就是这样神奇。本章介绍了生成式对抗网络的基本原理，并进行了博弈过程的数学推导，还介绍了加入监督信息 y 的条件生成式对抗网络和针对生成式对抗网络图片质量不高及训练过程不稳定这两个缺陷进行改进的最小二乘生成式对抗网络。

习　　题

1. 填空题

（1）GAN 中包括两个模块：________网络和________网络。

（2）Fashion-MNIST 数据集的训练集中有______张图片，测试集中有______张图片，灰度图片尺寸为______________。

（3）填写图 8.7 中的（1）（2）（3）。

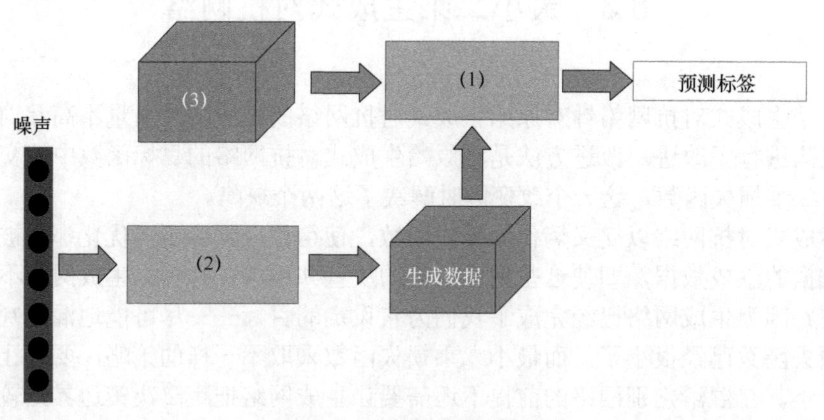

图 8.7 填空题第（3）题图

（4）最小二乘生成式对抗网络是针对原始 GAN 生成的图片质量不高及__________这两个缺陷进行改进的。

（5）在条件生成式对抗网络中，不仅要输入随机数，还要将其与____________做拼接，再输入生成网络，生成所需要的数据。

2．选择题

（1）Fashion-MNIST 数据集的测试集是（　　），测试集标签为（　　），训练集是（　　），训练集标签是（　　）。

A. train-images-idx3-ubyte.gz　　B. train-labels-idx1-ubyte.gz

C. t10k-images-idx3-ubyte.gz　　D. t10k-labels-idx1-ubyte.gz

（2）设真实数据为 x，随机噪声为 z，生成网络为 G，判别网络为 D，得到 GAN 的优化目标：

$$\min_G \max_D V(D,G)$$

$$V(G,D) = E_{x\sim p_{\text{data}}(x)}[\log D(x)] + E_{z\sim p_z(z)}[\log(1-D(G(z))]$$

最理想状态下 $D(G(z))$ =（　　）。

A. 0.1　　B. 0.5　　C. 1　　D. 0.99

3．简答题

（1）最小二乘生成式对抗网络如何改进了原始 GAN？

（2）条件生成式对抗网络与原始 GAN 的区别是什么？

实　验

在 MNIST 数据集、Fashion-MNIST 数据集上实现 CGAN 和 LSGAN。

附录 A　部分习题与实验参考答案

A.1　第 1 章习题与实验参考答案

1．填空题

（1）

人工智能
机器学习
深度学习

（2）计算模块、树突、轴突、计算模块

（3）(0, 1)

（4）连接

（5）强人工智能、弱人工智能

2．选择题

（1）D

（2）D

（3）D

（4）D

（5）A

3．简答题

（1）略。

（2）Sigmoid 函数：

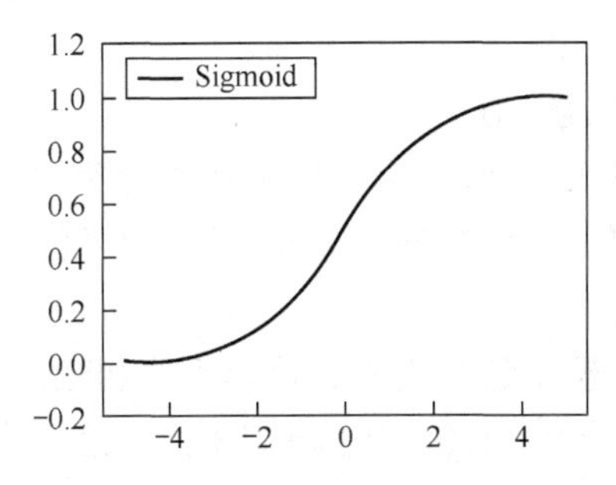

tanh 函数：

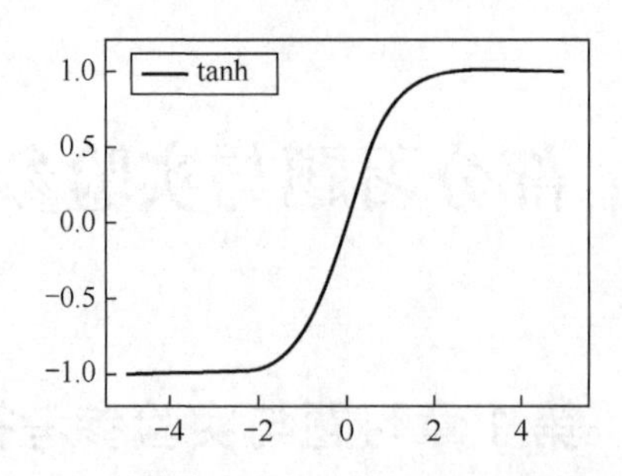

ReLU 函数：

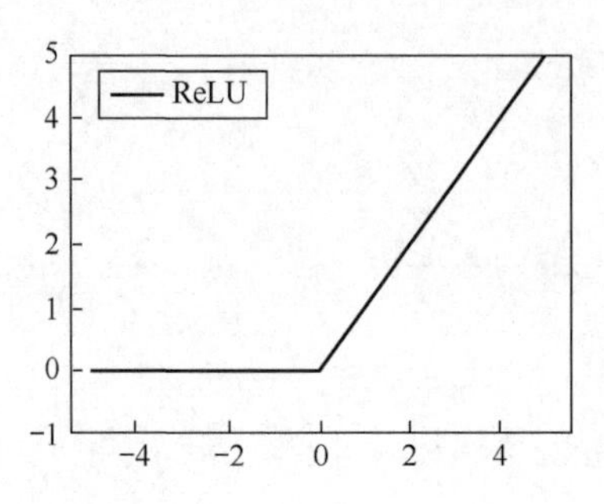

Elu 函数：

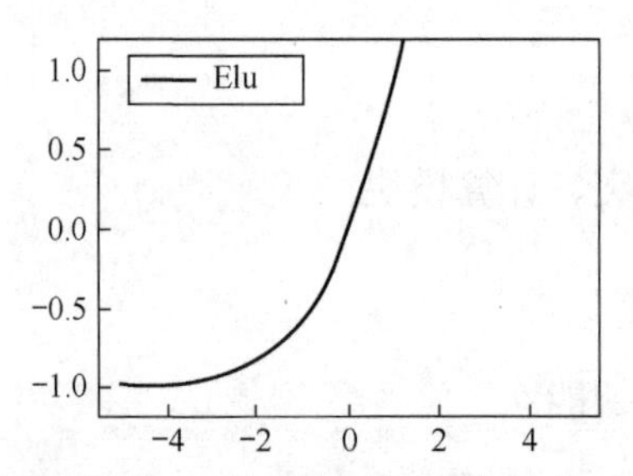

（3）深度学习就是一种利用深度人工神经网络来进行自动分类、预测和学习的技术。

（4）人工智能是研究、开发用于模拟、延伸和扩展人的智能的理论、方法、技术及应用系统的一门新的技术科学。

（5）机器学习是从已知数据中获得规律，并利用规律对未知数据进行预测的方法。

（6）a. 不用提取特征。在传统的分类算法中，提取特征是一个非常重要的前期工作，人们要亲自从大量数据样本中整理出特征，以便分类算法后续使用。否则这些基于概率和基于空间距离的线性分类器是没办法工作的。然而在神经网络中，由于大量的线性分类器的堆叠及卷积的使用，它对噪声的忍耐能力、对多通道数据上投射出来的不同特征的敏感程度非常高，这样人们就不需要进行特征提取工作，只需简单地将待处理的数据和期望输入神经网络，由神经网络来完成特征提取。这也就是我们通常所说的 End-to-End 的训练方式，这种方法通常需要样本数量极多。

b. 处理线性不可分数据的能力强

神经网络还有一个神奇之处，那就是它采用线性分类器的堆叠把不可分的问题变得可分。神经网络的每个神经元都是一个线性分类器，所以神经网络能通过线性分类器的组合解决线性不可分问题。

（7）神经网络中的神经元模型包含输入、计算模块和输出三个部分。输入模拟人的神经元的树突，输出模拟人的神经元的轴突，计算模块模拟人的神经元的细胞核。

(8)

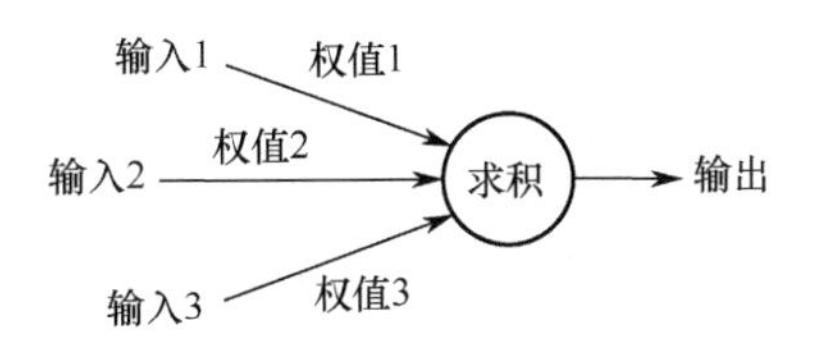

(9)这种说法不对。有时传统算法只需要很少的训练样本(几百个或上千),但具有非常好的解释特性,能够清晰地解释处理的是什么特征,以及任何一个指标值大小变化的意义。而深度学习可能需要数以万计的样本来做训练才能达到同样的效果,所以,千万不要盲目相信深度学习的能力,毕竟"尺有所短,寸有所长"。

(10)CPU 空间的 5%是算术逻辑单元,而 GPU 空间的 40%是算术逻辑单元。这就是 GPU 计算能力超强的根本原因。

(11)整个网络体系的构建方式和拓扑连接结构。

(12)监督学习的两种主要类型是分类和回归;无监督学习主要分为聚类和降维。

A.2 第 2 章习题与实验参考答案

A.2.1 习题参考答案

1. 填空题

(1)数据集(torchvision.datasets)

(2)python

(3)import torch

(4)Python 2.7

(5)Community 版/社区版

2. 选择题

(1)D

(2)C

(3)A

(4)D

(5)C

3. 简答题

(1)a. 简洁:PyTorch 追求最少的封装。b. 运行速度快:使用 PyTorch 运行程序的速度更快。c. 易用:PyTorch 的设计符合开发者的思维,开发者不需要受到太多关于框架本身的束缚。d. 活跃的社区:PyTorch 提供完整的文档和开发者亲自维护的论坛。

(2)Step1:进入 PyTorch 官方网站的安装界面。Step 2:单击"Get Started"按钮。Step

3：复制“Run this Command”后面对应的安装命令。Step 4：安装 torchvision。Step 5：检验环境是否安装成功。

A.2.2 实验参考答案

略。

A.3 第 3 章习题与实验参考答案

A.3.1 习题参考答案

1．填空题

（1）torch.FloatTensor
（2）维数、行和列的数目、元素的数据类型
（3）dtype、numel( )
（4）size( )、shape
（5）Ndarray

2．选择题

（1）B
（2）A
（3）A
（4）B
（5）A

3．简答题

（1）阶（rank）：维数。形状（shape）：行和列的数目。类型（type）：元素的数据类型。

（2）NumPy（Numerical Python）是 Python 语言的一个扩展程序库，支持数组与矩阵运算，还针对数组运算提供了大量的数学函数库。它提供了一个多维数组（Ndarray）数据类型及关于多维数组的很多操作，NumPy 已经成为其他大数据和机器学习模块的基础。Tensor 类似于 NumPy 中的 Ndarray，但 Ndarray 不支持 GPU 运算，而 Tensor 支持。Tensor 与 NumPy 之间可以方便地进行互相转换。

A.3.2 实验参考答案

1. 输入：

```
import torch
a=torch.DoubleTensor([[1,2],[3,4],[5,6]])
```

```
print(a)
```

输出：

```
tensor([[1., 2.],
        [3., 4.],
        [5., 6.]], dtype=torch.float64)
```

2. 输入：

```
import torch as t
a = t.ones(2,3)        #元素全部是 1 的 Tensor
print(a)

b = t.zeros(2,3)       #元素全部是 0 的 Tensor
print(b)

c = t.eye(3,3)         #对角线元素为 1，不要求行列数一致
print(c)

d = t.randn(2,3)       #随机生成的浮点数，取值满足均值为 0、方差为 1 的正态分布
print(d)

e = t.randperm(5)      #长度为 5，元素随机排列
print(e)

f = t.arange(1,8,2)    #数据类型为浮点型，自定义起始值和结束值（注意：前闭后开），参数有
三个，分别是范围的起始值、结束值和步长
print(f)
```

输出：

```
tensor([[1., 1., 1.],
        [1., 1., 1.]])
tensor([[0., 0., 0.],
        [0., 0., 0.]])
tensor([[1., 0., 0.],
        [0., 1., 0.],
        [0., 0., 1.]])
tensor([[ 0.1274,  0.6951, -0.2770],
        [ 0.2292, -1.1748,  0.5301]])
tensor([3, 0, 1, 2, 4])
tensor([1, 3, 5, 7])
```

3. 输入：

```
import torch as t
```

```
a = t.ShortTensor([[1,2],[3,4],[5,6]])
print(a)
```

输出：

```
tensor([[1, 2],
        [3, 4],
        [5, 6]], dtype=torch.int16)
```

4. 输入：

```
import torch
x = torch.empty(3, 2)
print(x)
```

输出：

```
tensor([[1.0653e-38, 1.0194e-38],
        [4.6838e-39, 8.4489e-39],
        [9.6429e-39, 8.4490e-39]])
print(x)
```

5. 输入：

```
import torch
x = torch.rand(3, 2)
print(x)
```

输出：

```
tensor([[0.5829, 0.5834],
        [0.3725, 0.0688],
        [0.4640, 0.1473]])
```

6. 输入：

```
import torch
x = torch.zeros(5, 3, dtype=torch.long)
print(x)
```

输出：

```
tensor([[0, 0, 0],
        [0, 0, 0],
        [0, 0, 0],
        [0, 0, 0],
        [0, 0, 0]])
```

7. 输入：

```
import torch
x = torch.zeros(3, 2, dtype=torch.long)
print(x)
```

输出：

```
tensor([[0, 0],
        [0, 0],
        [0, 0]])
```

8. 输入：

```
import torch
x = torch.tensor([1.5, 2])
print(x)
```

输出：

```
tensor([1.5000, 2.0000])
```

9. 输入：

```
import torch as t
c = t.Tensor(3,2)
print(c)
```

输出：

```
tensor([[0., 0.],
        [0., 0.],
        [0., 0.]])
```

10. 输入：

```
import torch as t
d = t.Tensor(3,2)
e = t.Tensor(d.size( ))
print(e)
```

输出：

```
tensor([[ 0.0000e+00,   0.0000e+00],
        [ 2.1019e-44,   0.0000e+00],
        [-3.3525e-10,   6.0536e-43]])
```

11. 输入：

```
import torch
e=torch.empty(2,3)
print(e)
z=torch.zeros(2,3)
print(z)
input=torch.empty(2,3)
zl=torch.zeros_like(input)
print(zl)
o=torch.ones(2,3)
print(o)
ol=torch.ones_like(input)
```

```
print(ol)
r=torch.rand(2,3)
print(r)
rn=torch.randn(2,3)
print(rn)
```

输出：

```
tensor([[0., 0., 0.],
        [0., 0., 0.]])
tensor([[0., 0., 0.],
        [0., 0., 0.]])
tensor([[0., 0., 0.],
        [0., 0., 0.]])
tensor([[1., 1., 1.],
        [1., 1., 1.]])
tensor([[1., 1., 1.],
        [1., 1., 1.]])
tensor([[0.4710, 0.4431, 0.5646],
        [0.8531, 0.8395, 0.8130]])
```

12. 输入：

```
import torch as t
a = t.arange(0,8)
print(a)
b = a.view(2,4)
print(b)
```

输出：

```
tensor([0, 1, 2, 3, 4, 5, 6, 7])
tensor([[0, 1, 2, 3],
        [4, 5, 6, 7]])
```

13. 输入：

```
import torch
a = torch.Tensor([[2,2],[1,4]])
b = torch.Tensor([[3,5],[7,4]])
print(torch.mul(a,b))
```

输出：

```
tensor([[ 6., 10.],
        [ 7., 16.]])
```

14. 输入：

```
import torch as t
a = t.Tensor([1,2])
```

```
b = t.Tensor([3,4])
print(t.gt(a,b))
```

输出：

```
tensor([False, False])
```

15. 输入：

```
import torch as t
a = t.Tensor([2,8])
mean = t.mean(a)
print(mean)
```

输出：

```
tensor(5.)
```

16. 输入：

```
import torch as t
a = t.Tensor([-1.2027, -1.7687, 0.4412, -1.3856])
tan = t.tan(a)
print(tan)
```

输出：

```
tensor([-2.5929, 4.9868, 0.4722, -5.3378])
```

17. 输入：

```
import torch
a = torch.arange(4.)
print(torch.reshape(a, (2, 2)))
b = torch.tensor([[0, 1], [2, 3]])
print( torch.reshape(b, (-1,)))    #将张量 b 变成一个一阶张量
```

输出：

```
tensor([[ 0., 1.],
        [ 2., 3.]])
tensor([ 0, 1, 2, 3])
```

18. 输入：

```
import torch
x = torch.randn(3, 4)
print(x)
mask = x.ge(0.5)
print(mask)
print(torch.masked_select(x, mask)) #根据掩码张量 mask 中的二元值，取输入张量中的指定项
```

输出：

```
tensor([[0.3552, -2.3825, -0.8297, 0.3477],
        [-1.2035, 1.2252, 0.5002, 0.6248],
```

```
        [0.1307, -2.0608, 0.1244, 2.0139]])
tensor([[False, False, False, False],
        [False, True, True, True],
        [False, False, False, True]])
tensor([ 1.2252, 0.5002, 0.6248, 2.0139])
```

19. 输入：

```
import torch
x = torch.randn(2, 3)
print( x)
print(torch.cat((x, x, x), 0)) #表示按维数 0（行）拼接 x, x, x
```

输出：

```
tensor([[0.6580, -1.0969, -0.4614],
        [-0.1034, -0.5790,  0.1497]])
tensor([[0.6580, -1.0969, -0.4614],
        [-0.1034, -0.5790,  0.1497],
        [0.6580, -1.0969, -0.4614],
        [-0.1034, -0.5790,  0.1497],
        [0.6580, -1.0969, -0.4614],
        [-0.1034, -0.5790,  0.1497]])
```

20. 输入：

```
import torch
print(torch.eye(3)) #对角线位置的元素全为 1，其他位置的元素全为 0 的二阶 3 行 3 列张量
```

输出：

```
tensor([[ 1., 0., 0.],
        [ 0., 1., 0.],
        [ 0., 0., 1.]])
```

21. 输入：

```
import torch
print(torch.range(1, 4))
print(torch.range(1, 4, 0.5))  #返回一个一阶张量，元素为从 1 到 4，步长为 0.5
```

输出：

```
tensor([ 1., 2., 3., 4.])
tensor([ 1.0000, 1.5000, 2.0000, 2.5000, 3.0000, 3.5000, 4.0000])
```

22. 输入：

```
import torch
a = torch.randn(4, 4)
print(a)
```

```
b = torch.randn(4)
print(b)
print(torch.div(a, b)) #张量 a 除以张量 b
```

输出：

```
tensor([[-0.3711, -1.9353, -0.4605, -0.2917],
        [ 0.1815, -1.0111,  0.9805, -1.5923],
        [ 0.1062,  1.4581,  0.7759, -1.2344],
        [-0.1830, -0.0313,  1.1908, -1.4757]])
tensor([ 0.8032,  0.2930, -0.8113, -0.2308])
tensor([[-0.4620, -6.6051,  0.5676,  1.2637],
        [ 0.2260, -3.4507, -1.2086,  6.8988],
        [ 0.1322,  4.9764, -0.9564,  5.3480],
        [-0.2278, -0.1068, -1.4678,  6.3936]])
```

23. 输入：

```
import torch
exp = torch.arange(1., 5.)
base = 2
print(torch.pow(base, exp)) #2 的 exp 次幂
```

输出：

```
tensor([ 2., 4., 8., 16.])
```

24. 输入：

```
import torch
a = torch.randn(4)
print(a)
print(torch.round(a))  #四舍五入
```

输出：

```
tensor([ 0.9920, 0.6077, 0.9734, -1.0362])
tensor([ 1., 1., 1., -1.])
```

25. 输入：

```
import torch
a = torch.randn(4)
print(a)
print( torch.sigmoid(a))  #输出张量 a 中每个元素经过 Sigmoid 函数作用后的值
```

输出：

```
tensor([0.9213, 1.0887, -0.8858, -1.7683])
tensor([0.7153, 0.7481, 0.2920, 0.1458])
```

26. 输入：

```
import torch
a = torch.tensor([0.7, -1.2, 0., 2.3])
print(a)
print(torch.sign(a))   #输出张量 a 中每个元素的符号
```

输出：

```
tensor([0.7000, -1.2000, 0.0000, 2.3000])
tensor([1., -1., 0., 1.])
```

27. 输入：

```
import torch
a = torch.randn(4)
print(a)
print(torch.sqrt(a))     #计算张量 a 中每个元素的平方根
```

输出：

```
tensor([-2.0755, 1.0226, 0.0831, 0.4806])
tensor([    nan, 1.0112, 0.2883, 0.6933])
```

28. 输入：

```
import torch
a = torch.randn(1, 3)
print(a)
print(torch.sum(a))     #输出张量 a 中所有元素的和
```

输出：

```
tensor([[ 0.1133, -0.9567, 0.2958]])
tensor(-0.5475)
```

29. 输入：

```
import torch
a = torch.randn(4)
print(a)
b = torch.randn(4)
print(b)
print(torch.max(a, b))   #比较 a 和 b 中的元素，返回较大的那个值
```

输出：

```
tensor([0.2942, -0.7416, 0.2653, -0.1584])
tensor([0.8722, -1.7421, -0.4141, -0.5055])
tensor([0.8722, -0.7416, 0.2653, -0.1584])
```

30. 输入：

```
import torch
a = torch.zeros(2, 1, 2, 1, 2)
```

```
print("a =",a)
print("a.size( ) =",a.size( ))

b = torch.squeeze(a)
print("b =",b)
print("b.size( ) =",b.size( ))

c = torch.squeeze(a, 0)
print("c =",c)
print("c.size( ) =",c.size( ))

d = torch.unsqueeze(c, 1)
print("d =",d)
print("d.size( ) =",d.size( ))
```

输出：

```
a = tensor([[[[[0., 0.]],
          [[0., 0.]]]],
          [[[[0., 0.]],
          [[0., 0.]]]]])
a.size( ) = torch.Size([2, 1, 2, 1, 2])
b = tensor([[[0., 0.],
          [0., 0.]],
          [[0., 0.],
          [0., 0.]]])
b.size( ) = torch.Size([2, 2, 2])
c = tensor([[[[[0., 0.]],
          [[0., 0.]]]],
          [[[[0., 0.]],
          [[0., 0.]]]]])
c.size( ) = torch.Size([2, 1, 2, 1, 2])
d = tensor([[[[[[0., 0.]],
          [[0., 0.]]]]],
          [[[[[0., 0.]],
          [[0., 0.]]]]]])
d.size( ) = torch.Size([2, 1, 1, 2, 1, 2])
```

31．输入：

```
import torch
a = torch.rand(1, 2)
b = torch.rand(1, 2)
```

```
c = torch.rand(2, 3)
print(torch.mul(a, b))        #返回 1*2 的张量
print(torch.mm(a, c))         #返回 1*3 的张量
print(torch.mul(a, c))        #由于 a、b 的维数不同，报错
```

说明：

torch.mul(a, b)表示张量 a 和张量 b 的对应位相乘，a 和 b 的维数必须相等，如果 a 的维数是(1, 2)，b 的维数是(1, 2)，返回的仍是维数为(1, 2)的矩阵。

torch.mm(a, b)表示张量 a 和张量 b 相乘，如果 a 的维数是(1, 2)，b 的维数是(2, 3)，返回的是维数为(1, 3)的矩阵。

输出：

```
tensor([[0.4098, 0.3361]])
tensor([[0.7680, 0.5327, 0.4252]])
Traceback (most recent call last):
File "C:/Users/lenovo/Desktop/PyTorch/运行的程序/chapter3/第三章练习题/练习 3-31.py", line 8, in
                                                                        <module>
print(torch.mul(a, c))
RuntimeError: The size of tensor a (2) must match the size of tensor b (3) at non-singleton dimension 1
```

A.4 第 4 章习题与实验参考答案

A.4.1 习题参考答案

1. 填空题

（1）非线性回归
（2）最大值、最小值
（3）步长
（4）定义损失函数和优化函数
（5）Sigmoid 函数

2. 选择题

（1）D
（2）C
（3）A
（4）A
（5）B

3．简答题

（1）a. 在单变量函数中，梯度就是函数的微分，代表函数在某个给定点上切线的斜率。

b. 在多变量函数中，梯度是一个向量，向量有方向，梯度的方向或反方向指明了函数在给定点上上升或下降最快的方向。

（2）a. 步长：又称学习率，决定了迭代过程中每一步沿梯度向量反方向前进的长度。

b. 初始值：随机选取的初始参数组合，当损失函数是非凸函数时，可能会得到局部最优解，此时需要多测试几次，从局部最优解中找出全局最优解。当损失函数是凸函数时，得到的解就是全局最优解。

c. 归一化：归一化能够加快梯度下降的速度。若不进行归一化，会导致收敛速度很慢，从而形成“之”字形的路线。

A.4.2　实验参考答案

1. 参考代码如下：

```
import torch
import torch.nn as nn
import numpy as np
import matplotlib.pyplot as plt
from torch.autograd import Variable

#定义超参数
input_size = 1
output_size = 1
num_epochs = 1000
learning_rate = 0.001

x_train = np.array([[2], [6], [8], [8], [12], [16],[20], [20], [22], [26]], dtype=np.float32)
#xtrain 生成矩阵数据
y_train = np.array([[58], [105], [88], [118], [117], [137],[ 157], [169], [149], [202]], dtype=np.float32)
plt.figure( )
#画散点图
plt.scatter(x_train,y_train)
plt.xlabel('x_train')
#x 轴名称
plt.ylabel('y_train')
#y 轴名称
#显示图片
plt.show( )
```

```
#线性回归模型
class LinearRegression(nn.Module):
    def __init__(self, input_size, output_size):
        super(LinearRegression, self).__init__( )
        self.linear = nn.Linear(input_size, output_size)
    def forward(self, x):
        out = self.linear(x)
        return out
model = LinearRegression(input_size, output_size)

#定义损失函数和优化函数
criterion = nn.MSELoss( )
optimizer = torch.optim.SGD(model.parameters( ), lr=learning_rate)

#训练模型
for epoch in range(num_epochs):
    #将 NumPy 数组转换成 Torch 变量
    inputs = Variable(torch.from_numpy(x_train))
    targets = Variable(torch.from_numpy(y_train))

    #反向传播和优化
    optimizer.zero_grad( )
    outputs = model(inputs)
    loss = criterion(outputs, targets)
    loss.backward( )
    optimizer.step( )
    if (epoch+1) % 50 == 0:
        print ('Epoch [%d/%d], Loss: %.4f'
                  %(epoch+1, num_epochs, loss.item( )))

#画图
model.eval( )
predicted = model(Variable(torch.from_numpy(x_train))).data.numpy( )
plt.plot(x_train, y_train, 'ro')
plt.plot(x_train, predicted, label='predict')
plt.legend( )
plt.show( )
```

运行结果如图 A.1、图 A.2 所示。

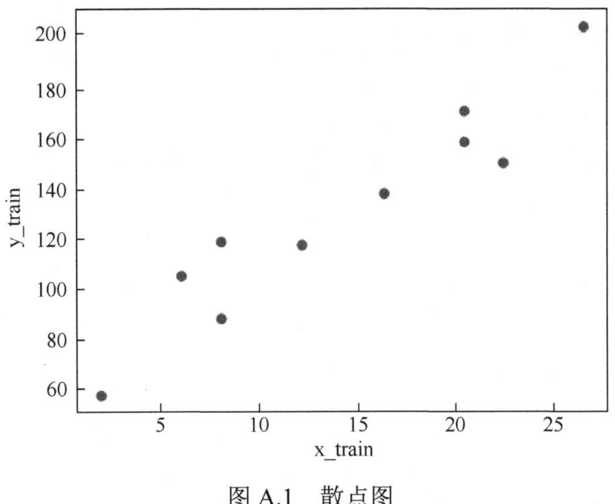

图 A.1 散点图

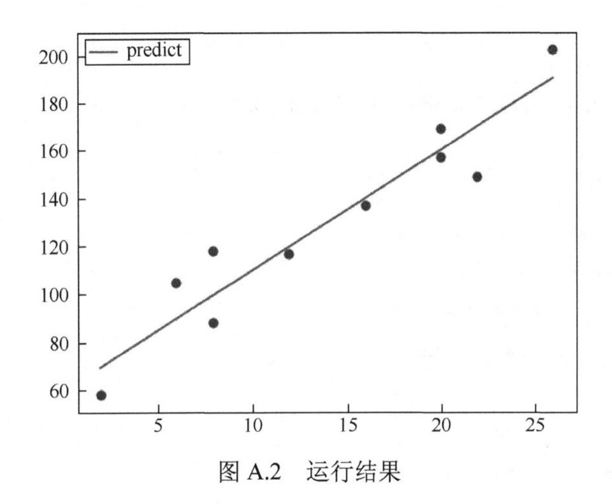

图 A.2 运行结果

2. 参考代码如下：

```
import torch
from torch.autograd import Variable
import numpy as np
import random
import matplotlib.pyplot as plt
from torch import nn


x = torch.unsqueeze(torch.linspace(-1, 1, 100), dim=1)
y = 5*x + 8 + torch.rand(x.size( ))
#上面这行代码制造出接近 y=5x+8 的数据，后面加上 torch.rand( )函数制造噪声

"""画图。以下语句用于显示散点图，如果想看可把注释符号去掉，显示散点图后，关闭图片后程序才能继续运行。"""
#plt.scatter(x.data.numpy( ), y.data.numpy( ))
#plt.show( )
```

```
class LinearRegression(nn.Module):
    def __init__(self):
        super(LinearRegression, self).__init__( )
        self.linear = nn.Linear(1, 1) #输入和输出的维数都是 1
    def forward(self, x):
        out = self.linear(x)
        return out

if torch.cuda.is_available( ):
    model = LinearRegression( ).cuda( )
else:
    model = LinearRegression( )

criterion = nn.MSELoss( )
optimizer = torch.optim.SGD(model.parameters( ), lr=1e-2)

num_epochs = 1000
for epoch in range(num_epochs):
    if torch.cuda.is_available( ):
        inputs = Variable(x).cuda( )
        target = Variable(y).cuda( )
    else:
        inputs = Variable(x)
        target = Variable(y)

    #前向传播
    out = model(inputs)
    loss = criterion(out, target)

    #反向传播
    optimizer.zero_grad( ) #注意，每次迭代都需要清零
    loss.backward( )
    optimizer.step( )

    if (epoch+1) %200 == 0:
        print('Epoch[{}/{}], loss:{:.6f}'.format(epoch+1, num_epochs, loss.item( )))

model.eval( )
if torch.cuda.is_available( ):
    predict = model(Variable(x).cuda( ))
    predict = predict.data.cpu( ).numpy( )
```

```
else:
    predict = model(Variable(x))
    predict = predict.data.numpy( )
plt.plot(x.numpy( ), y.numpy( ), 'ro', label='Original Data')
plt.plot(x.numpy( ), predict, label='Fitting Line')
plt.show( )
```

运行结果如图 A.3 所示。

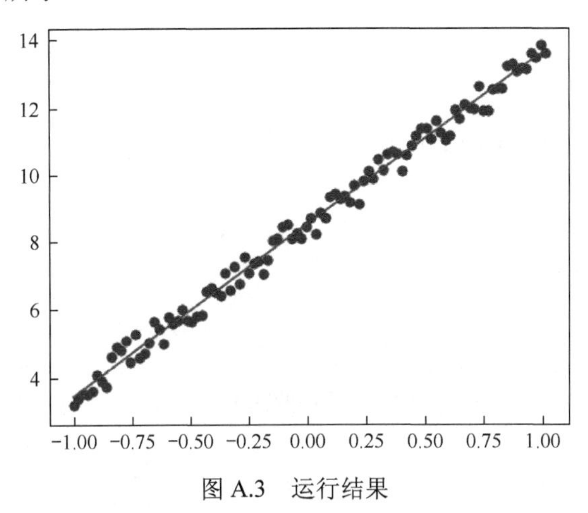

图 A.3　运行结果

3．参考代码如下：

```
from itertools import count
import torch
import torch.autograd
import torch.nn.functional as F

POLY_DEGREE = 3
def make_features(x):
    #用[x, x^2, x^3, x^4]构造特征矩阵
    x = x.unsqueeze(1)
    return torch.cat([x ** i for i in range(1, POLY_DEGREE+1)], 1)

W_target = torch.randn(POLY_DEGREE, 1)
b_target = torch.randn(1)

def f(x):
    #拟合函数
    return x.mm(W_target) + b_target.item( )

def get_batch(batch_size=32):
    #构建批次对(x, f(x))
```

```
    random = torch.randn(batch_size)
    x = make_features(random)
    y = f(x)
    return x, y

#建立模型
fc = torch.nn.Linear(W_target.size(0), 1)

for batch_idx in count(1):
    #获取数据
    batch_x, batch_y = get_batch( )

    #重置梯度
    fc.zero_grad( )

    #前向传播
    output = F.smooth_l1_loss(fc(batch_x), batch_y)
    loss = output.item( )

    #反向传播
    output.backward( )

    #计算梯度
    for param in fc.parameters( ):
        param.data.add_(-0.1 * param.grad.data)

    #设置截止条件
    if loss < 1e-3:
        break

def poly_desc(W, b):
    #建立多项式线性模型
    result = 'y = '
    for i, w in enumerate(W):
        result += '{:+.2f} x^{} '.format(w, len(W) - i)
    result += '{:+.2f}'.format(b[0])
    return result

print('Loss: {:.6f} after {} batches'.format(loss, batch_idx))
print('==> Learned function:\t' + poly_desc(fc.weight.view(-1), fc.bias))
print('==> Actual function:\t' + poly_desc(W_target.view(-1), b_target))
```

运行结果如下：

```
Loss: 0.000976 after 92 batches
==> Learned function: y = +0.54 x^3 -0.73 x^2 -0.90 x^1 +0.13
==> Actual function:   y = +0.57 x^3 -0.70 x^2 -0.91 x^1 +0.12
```

4. 参考代码如下：

```
import numpy as np
import pandas as pd   #注意，需要下载 pandas 包后才能导入
import torch as t
from torch.autograd import Variable as var

file_path = r'C:\Users\lenovo\Desktop\PyTorch\BOOK\iris.csv'   #（1）iris.csv 文件是鸢尾花数据集文件，可从本书配套资源包中找到。（2）iris.csv 文件的路径前要加字母 r，因为在 Python 字符串中，\有转义的含义，所以需要采取一些方式使得\不被解读为转义字符
df_iris = pd.read_csv(file_path, sep=",", header="infer")
np_iris = df_iris.values
np.random.shuffle(np_iris)

def normalize(temp):
    temp = 2*(temp - np.mean(temp,axis = 0))/(np.max(temp,axis = 0)-np.min(temp,axis = 0))
    return(temp)

def convert2onehot(data):
    #将数据转换成独热编码表示
    return pd.get_dummies(data)

xs = normalize(np_iris[:,1:5]).astype(np.double)
ys = convert2onehot(np_iris[:,-1]).values
xs = var(t.Tensor(xs))
ys = var(t.Tensor(ys))

class softmax_model(t.nn.Module):
    def __init__(self):
        super(softmax_model,self).__init__( )
        self.linear1 = t.nn.Linear(4,64)
        self.relu = t.nn.ReLU( )
        self.linear2 = t.nn.Linear(64,16)
        self.linear3 = t.nn.Linear(16,3)
        self.softmax = t.nn.Softmax( )
```

```
            self.criterion = t.nn.MSELoss( )
            self.opt = t.optim.SGD(self.parameters( ),lr=0.6)
        def forward(self, input):
            y = self.linear1(input)
            y = self.relu(y)
            y = self.linear2(y)
            y = self.relu(y)
            y = self.linear3(y)
            y = self.softmax(y)
            return y

    model = softmax_model( )
    for e in range(6001):
        y_pre = model(xs[:90,:])
        loss = model.criterion(y_pre,ys[:90,:])
        if(e%200==0):
            print(e,loss.data)

        #梯度置零
        model.opt.zero_grad( )
        #反向传播
        loss.backward( )
        #升级权重
        model.opt.step( )

    result = (np.argmax(model(xs[90:,:]).data.numpy( ),axis=1) == np.argmax(ys[90:,:].data.numpy( ),axis=1))
    print(np.sum(result)/60)
```

运行结果如下：

```
0 tensor(0.2261)
200 tensor(0.0053)
…
5200 tensor(6.3798e-05)
5400 tensor(6.0371e-05)
5600 tensor(5.7251e-05)
5800 tensor(5.4402e-05)
6000 tensor(5.1790e-05)
0.95
```

A.5　第 5 章习题与实验参考答案

A.5.1　习题参考答案

1. 填空题

（1）3、2、3、1
（2）数据集不从 Internet 上下载
（3）归一化指数、将多分类的结果以概率的形式展现出来
（4）归一化（数据在 0～1 之间）
（5）概率分布

2. 选择题

（1）C
（2）D
（3）A
（4）D
（5）B

3. 简答题

（1）$y_1 = 0.12$，$y_2 = 0.88$
（2）全连接神经网络的构建准则很简单：神经网络中除输入层之外的每个节点都和上一层的所有节点连接。

A.5.2　实验参考答案

参考代码如下：

```
import torch
from torch import nn, optim
from torch.autograd import Variable
from torch.utils.data import DataLoader
from torchvision import datasets, transforms

#定义超参数
batch_size = 32
learning_rate = 0.01

class Batch_Net(nn.Module):
```

```
    def __init__(self, in_dim, n_hidden_1, n_hidden_2, n_hidden_3, n_hidden_4,out_dim):
        super(Batch_Net, self).__init__( )
        self.layer1 = nn.Sequential(nn.Linear(in_dim, n_hidden_1), nn.BatchNorm1d(n_hidden_1),
                                    nn.ReLU(True))
        self.layer2 = nn.Sequential(nn.Linear(n_hidden_1, n_hidden_2), nn.BatchNorm1d(n_hidden_2),
                                    nn.ReLU(True))
        self.layer3 = nn.Sequential(nn.Linear(n_hidden_2, n_hidden_3), nn.BatchNorm1d(n_hidden_3),
                                    nn.ReLU(True))
        self.layer4 = nn.Sequential(nn.Linear(n_hidden_3, n_hidden_4), nn.BatchNorm1d(n_hidden_4),
                                    nn.ReLU(True))
        self.layer5 = nn.Sequential(nn.Linear(n_hidden_4, out_dim))

    def forward(self, x):
        x = self.layer1(x)
        x = self.layer2(x)
        x = self.layer3(x)
        x = self.layer4(x)
        x = self.layer5(x)
        return x

#数据预处理。transforms.ToTensor( )函数将图片转换成 PyTorch 中的 Tensor，并进行归一化处理（数据在 0～1 之间）
#transforms.Normalize( )函数用于标准化。它对数据进行减均值，再除以标准差的操作。它的两个参数分别是均值和标准差
#transforms.Compose( )函数将各种预处理的操作组合到一起
data_tf = transforms.Compose(
    [transforms.ToTensor( ),
     transforms.Normalize([0.5], [0.5])])

#数据集的下载
train_dataset = datasets.MNIST(
    root='./data', train=True, transform=data_tf, download=True)
test_dataset = datasets.MNIST(root='./data', train=False, transform=data_tf)
train_loader = DataLoader(train_dataset, batch_size=batch_size, shuffle=True)
test_loader = DataLoader(test_dataset, batch_size=batch_size, shuffle=False)

#选择模型
#model = net.simpleNet(28 * 28, 300, 100, 10)
#model = Activation_Net(28 * 28, 300, 100, 10)
model = Batch_Net(28 * 28, 400, 300,200, 100, 10)
#if torch.cuda.is_available( ):
```

```
# model = model.cuda( )

#定义损失函数和优化函数
criterion = nn.CrossEntropyLoss( )
optimizer = optim.SGD(model.parameters( ), lr=learning_rate)

#训练模型
epoch = 0
for data in train_loader:
    img, label = data
    img = img.view(img.size(0), -1)
    if torch.cuda.is_available( ):
        img = img.cuda( )
        label = label.cuda( )
    else:
        img = Variable(img)
        label = Variable(label)
    out = model(img)
    loss = criterion(out, label)
    print_loss = loss.data.item( )

    optimizer.zero_grad( )
    loss.backward( )
    optimizer.step( )
    epoch+=1
    if epoch%100 == 0:
        print('epoch: {}, loss: {:.4}'.format(epoch, loss.data.item( )))

#测试模型
model.eval( )
eval_loss = 0
eval_acc = 0
for data in test_loader:
    img, label = data
    img = img.view(img.size(0), -1)
    if torch.cuda.is_available( ):
        img = img.cuda( )
        label = label.cuda( )
```

```
        out = model(img)
        loss = criterion(out, label)
        eval_loss += loss.data.item( )*label.size(0)
        _, pred = torch.max(out, 1)
        num_correct = (pred == label).sum( )
        eval_acc += num_correct.item( )
    print('Test Loss: {:.6f}, Acc: {:.6f}'.format(
        eval_loss / (len(test_dataset)),
        eval_acc / (len(test_dataset))
    ))
```

运行结果如下：

```
epoch: 100, loss: 0.897
epoch: 200, loss: 0.4481
epoch: 300, loss: 0.3858
...
epoch: 1600, loss: 0.08569
epoch: 1700, loss: 0.1175
epoch: 1800, loss: 0.1352
Test Loss: 0.105356, Acc: 0.970200
```

A.6 第 6 章习题与实验参考答案

A.6.1 习题参考答案

1．填空题

（1）相同性、不变性
（2）卷积层、池化层
（3）7 × 7
（4）nn.MaxPool2d( )
（5）加权平均值

2．选择题

（1）D
（2）D
（3）D
（4）D
（5）D

3．简答题

（1）

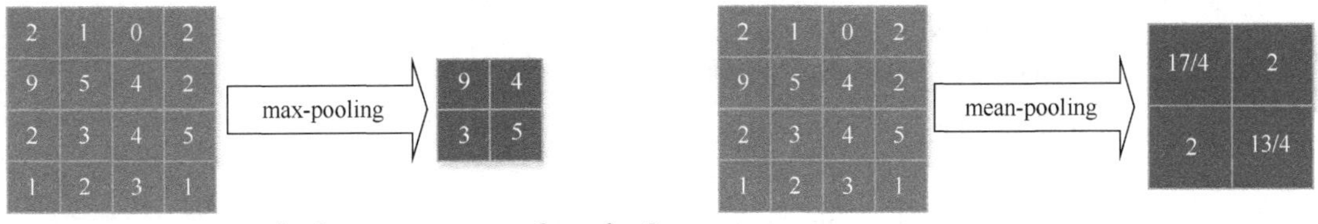

（2）$w_o = \frac{w_i - f + 2\times p}{s} + 1$，$h_o = \frac{h_i - f + 2\times p}{s} + 1$

（3）输出图片尺寸为 32 × 32 × 3，参数数目为 5 × 5 × 3 + 1 = 76。

A.6.2　实验参考答案

1．参考代码如下：

```
from __future__ import print_function
import argparse
import torch
import torch.nn as nn
import torch.nn.functional as F
import torch.optim as optim
from torchvision import datasets, transforms
from torch.optim.lr_scheduler import StepLR

class Net(nn.Module):
    def __init__(self):
        super(Net, self).__init__( )
        self.conv1 = nn.Conv2d(1, 32, 3, 1)
        self.conv2 = nn.Conv2d(32, 64, 3, 1)
        self.dropout1 = nn.Dropout2d(0.25)
        self.dropout2 = nn.Dropout2d(0.5)
        self.fc1 = nn.Linear(9216, 128)
        self.fc2 = nn.Linear(128, 10)

    def forward(self, x):
        x = self.conv1(x)
        x = F.relu(x)
        x = self.conv2(x)
        x = F.max_pool2d(x, 2)
        x = self.dropout1(x)
        x = torch.flatten(x, 1)
```

```
        x = self.fc1(x)
        x = F.relu(x)
        x = self.dropout2(x)
        x = self.fc2(x)
        output = F.log_softmax(x, dim=1)
        return output

def train(args, model, device, train_loader, optimizer, epoch):
    model.train( )
    for batch_idx, (data, target) in enumerate(train_loader):
        data, target = data.to(device), target.to(device)
        optimizer.zero_grad( )
        output = model(data)
        loss = F.nll_loss(output, target)
        loss.backward( )
        optimizer.step( )
        if batch_idx % args.log_interval == 0:
            print('Train Epoch: {} [{}/{} ({:.0f}%)]\tLoss: {:.6f}'.format(
                epoch, batch_idx * len(data), len(train_loader.dataset),
                100. * batch_idx / len(train_loader), loss.item( )))

def test(args, model, device, test_loader):
    model.eval( )
    test_loss = 0
    correct = 0
    with torch.no_grad( ):
        for data, target in test_loader:
            data, target = data.to(device), target.to(device)
            output = model(data)
            test_loss += F.nll_loss(output, target, reduction='sum').item( )   #sum up batch loss
            pred = output.argmax(dim=1, keepdim=True)   #get the index of the max log-probability
            correct += pred.eq(target.view_as(pred)).sum( ).item( )

    test_loss /= len(test_loader.dataset)

    print('\nTest set: Average loss: {:.4f}, Accuracy: {}/{} ({:.0f}%)\n'.format(
        test_loss, correct, len(test_loader.dataset),
        100. * correct / len(test_loader.dataset)))

def main( ):
    #Training settings
```

```
parser = argparse.ArgumentParser(description='PyTorch MNIST Example')
parser.add_argument('--batch-size', type=int, default=64, metavar='N',
                    help='input batch size for training (default: 64)')
parser.add_argument('--test-batch-size', type=int, default=1000, metavar='N',
                    help='input batch size for testing (default: 1000)')
parser.add_argument('--epochs', type=int, default=14, metavar='N',
                    help='number of epochs to train (default: 14)')
parser.add_argument('--lr', type=float, default=1.0, metavar='LR',
                    help='learning rate (default: 1.0)')
parser.add_argument('--gamma', type=float, default=0.7, metavar='M',
                    help='Learning rate step gamma (default: 0.7)')
parser.add_argument('--no-cuda', action='store_true', default=False,
                    help='disables CUDA training')
parser.add_argument('--seed', type=int, default=1, metavar='S',
                    help='random seed (default: 1)')
parser.add_argument('--log-interval', type=int, default=10, metavar='N',
                    help='how many batches to wait before logging training status')
parser.add_argument('--save-model', action='store_true', default=False,
                    help='For Saving the current Model')
args = parser.parse_args( )
use_cuda = not args.no_cuda and torch.cuda.is_available( )
torch.manual_seed(args.seed)
device = torch.device("cuda" if use_cuda else "cpu")
kwargs = {'num_workers': 1, 'pin_memory': True} if use_cuda else {}
train_loader = torch.utils.data.DataLoader(
    datasets.MNIST('./data', train=True, download=True,
                   transform=transforms.Compose([transforms.ToTensor( ),
                       transforms.Normalize((0.1307,), (0.3081,))
                   ])),
    batch_size=args.batch_size, shuffle=True, **kwargs)
test_loader = torch.utils.data.DataLoader(
    datasets.MNIST('./data', train=False, transform=transforms.Compose([
                       transforms.ToTensor( ),
                       transforms.Normalize((0.1307,), (0.3081,))
                   ])),
    batch_size=args.test_batch_size, shuffle=True, **kwargs)

model = Net( ).to(device)
print(model)
optimizer = optim.Adadelta(model.parameters( ), lr=args.lr)
```

```
    scheduler = StepLR(optimizer, step_size=1, gamma=args.gamma)
    for epoch in range(1, args.epochs + 1):
        train(args, model, device, train_loader, optimizer, epoch)
        test(args, model, device, test_loader)
        scheduler.step( )

    if args.save_model:
        torch.save(model.state_dict( ), "mnist_cnn.pt")

if __name__ == '__main__':
    main( )
```

2. 参考代码如下：

```
import numpy as np
import torch
from torch import nn
from torch.autograd import Variable
from torchvision.datasets import CIFAR10
from datetime import datetime
#定义一个卷积、一个 ReLU 激励函数，以及一个 BatchNorm 作为一个基本的层结构
def conv_relu(in_channel, out_channel, kernel, stride=1, padding=0):
    layer = nn.Sequential(
        nn.Conv2d(in_channel, out_channel, kernel, stride, padding),
        nn.BatchNorm2d(out_channel, eps=1e-3),
        nn.ReLU(True)
    )
    return layer

class inception(nn.Module):
    def __init__(self, in_channel, out1_1, out2_1, out2_3, out3_1, out3_5, out4_1):
        super(inception, self).__init__( )
        #第一条线路
        self.branch1x1 = conv_relu(in_channel, out1_1, 1)

        #第二条线路
        self.branch3x3 = nn.Sequential(
            conv_relu(in_channel, out2_1, 1),
            conv_relu(out2_1, out2_3, 3, padding=1)
        )

        #第三条线路
```

```
        self.branch5x5 = nn.Sequential(
            conv_relu(in_channel, out3_1, 1),
            conv_relu(out3_1, out3_5, 5, padding=2)
        )

        #第四条线路
        self.branch_pool = nn.Sequential(
            nn.MaxPool2d(3, stride=1, padding=1),
            conv_relu(in_channel, out4_1, 1)
        )

    def forward(self, x):
        f1 = self.branch1x1(x)
        f2 = self.branch3x3(x)
        f3 = self.branch5x5(x)
        f4 = self.branch_pool(x)
        output = torch.cat((f1, f2, f3, f4), dim=1)
        return output
test_net = inception(3, 64, 48, 64, 64, 96, 32)
test_x = Variable(torch.zeros(1, 3, 96, 96))
print('input shape: {} x {} x {}'.format(test_x.shape[1], test_x.shape[2], test_x.shape[3]))
test_y = test_net(test_x)
print('output shape: {} x {} x {}'.format(test_y.shape[1], test_y.shape[2], test_y.shape[3]))

class googlenet(nn.Module):
    def __init__(self, in_channel, num_classes, verbose=False):
        super(googlenet, self).__init__( )
        self.verbose = verbose
        self.block1 = nn.Sequential(
            conv_relu(in_channel, out_channel=64, kernel=7, stride=2, padding=3),
            nn.MaxPool2d(3, 2)
        )

        self.block2 = nn.Sequential(
            conv_relu(64, 64, kernel=1),
            conv_relu(64, 192, kernel=3, padding=1),
            nn.MaxPool2d(3, 2)
        )

        self.block3 = nn.Sequential(
            inception(192, 64, 96, 128, 16, 32, 32),
```

```
            inception(256, 128, 128, 192, 32, 96, 64),
            nn.MaxPool2d(3, 2)
        )

        self.block4 = nn.Sequential(
            inception(480, 192, 96, 208, 16, 48, 64),
            inception(512, 160, 112, 224, 24, 64, 64),
            inception(512, 128, 128, 256, 24, 64, 64),
            inception(512, 112, 144, 288, 32, 64, 64),
            inception(528, 256, 160, 320, 32, 128, 128),
            nn.MaxPool2d(3, 2)
        )

        self.block5 = nn.Sequential(
            inception(832, 256, 160, 320, 32, 128, 128),
            inception(832, 384, 182, 384, 48, 128, 128),
            nn.AvgPool2d(2)
        )

        self.classifier = nn.Linear(1024, num_classes)

    def forward(self, x):
        x = self.block1(x)
        if self.verbose:
            print('block 1 output: {}'.format(x.shape))
        x = self.block2(x)
        if self.verbose:
            print('block 2 output: {}'.format(x.shape))
        x = self.block3(x)
        if self.verbose:
            print('block 3 output: {}'.format(x.shape))
        x = self.block4(x)
        if self.verbose:
            print('block 4 output: {}'.format(x.shape))
        x = self.block5(x)
        if self.verbose:
            print('block 5 output: {}'.format(x.shape))
        x = x.view(x.shape[0], -1)
        x = self.classifier(x)
        return x
```

```
test_net = googlenet(3, 10, True)
test_x = Variable(torch.zeros(1, 3, 96, 96))
test_y = test_net(test_x)
print('output: {}'.format(test_y.shape))

def get_acc(output, label):
    total = output.shape[0]
    _, pred_label = output.max(1)
    num_correct = (pred_label == label).sum( ).item( )
    return num_correct / total

def train(net, train_data, valid_data, num_epochs, optimizer, criterion):
    if torch.cuda.is_available( ):
        net = net.cuda( )
    prev_time = datetime.now( )
    for epoch in range(num_epochs):
        train_loss = 0
        train_acc = 0
        net = net.train( )
        for im, label in train_data:
            if torch.cuda.is_available( ):
                im = Variable(im.cuda( ))          #(bs, 3, h, w)
                label = Variable(label.cuda( ))   #(bs, h, w)
            else:
                im = Variable(im)
                label = Variable(label)
            #forward
            output = net(im)
            loss = criterion(output, label)
            #backward
            optimizer.zero_grad( )
            loss.backward( )
            optimizer.step( )

            train_loss += loss.item( )
            train_acc += get_acc(output, label)

        cur_time = datetime.now( )
        h, remainder = divmod((cur_time - prev_time).seconds, 3600)
        m, s = divmod(remainder, 60)
        time_str = "Time %02d:%02d:%02d" % (h, m, s)
```

```
        if valid_data is not None:
            valid_loss = 0
            valid_acc = 0
            net = net.eval( )
            for im, label in valid_data:
                if torch.cuda.is_available( ):
                    with torch.no_grad( ):
                        im = Variable(im.cuda( ))
                    with torch.no_grad( ):
                        label = Variable(label.cuda( ))
                else:
                    with torch.no_grad( ):
                        im = Variable(im)
                    with torch.no_grad( ):
                        label = Variable(label)
                output = net(im)
                loss = criterion(output, label)
                valid_loss += loss.item( )
                valid_acc += get_acc(output, label)
            epoch_str = (
                "Epoch %d. Train Loss: %f, Train Acc: %f, Valid Loss: %f, Valid Acc: %f, "
                % (epoch, train_loss / len(train_data),
                   train_acc / len(train_data), valid_loss / len(valid_data),
                   valid_acc / len(valid_data)))
        else:
            epoch_str = ("Epoch %d. Train Loss: %f, Train Acc: %f, " %
                         (epoch, train_loss / len(train_data),
                          train_acc / len(train_data)))
        prev_time = cur_time
        print(epoch_str + time_str)


def data_tf(x):
    x = x.resize((96, 96), 2)   #将图片尺寸放大到 96 * 96
    x = np.array(x, dtype='float32') / 255
    x = (x - 0.5) / 0.5   #标准化
    x = x.transpose((2, 0, 1))   #将 channel 放到第一维，这是 PyTorch 要求的输入方式
    x = torch.from_numpy(x)
    return x

train_set = CIFAR10('.\data', train=True, transform=data_tf)
```

```
train_data = torch.utils.data.DataLoader(train_set, batch_size=64, shuffle=True)
test_set = CIFAR10('.\data', train=False, transform=data_tf)
test_data = torch.utils.data.DataLoader(test_set, batch_size=128, shuffle=False)

net = googlenet(3, 10)
print(net)
optimizer = torch.optim.SGD(net.parameters( ), lr=0.01)
criterion = nn.CrossEntropyLoss( )
train(net, train_data, test_data, 20, optimizer, criterion)
```

运行结果如下（省略网络结构）：

```
input shape: 3 x 96 x 96
output shape: 256 x 96 x 96
block 1 output: torch.Size([1, 64, 23, 23])
block 2 output: torch.Size([1, 192, 11, 11])
block 3 output: torch.Size([1, 480, 5, 5])
block 4 output: torch.Size([1, 832, 2, 2])
block 5 output: torch.Size([1, 1024, 1, 1])
output: torch.Size([1, 10])
Epoch 0. Train Loss: 1.488646, Train Acc: 0.454624, Valid Loss: 1.494194, Valid Acc: 0.487441, Time 00:01:03
Epoch 1. Train Loss: 1.055991, Train Acc: 0.624201, Valid Loss: 1.273802, Valid Acc: 0.545787, Time 00:01:06
Epoch 2. Train Loss: 0.836644, Train Acc: 0.705423, Valid Loss: 1.007076, Valid Acc: 0.650514, Time 00:01:06
Epoch 3. Train Loss: 0.674226, Train Acc: 0.765525, Valid Loss: 0.863271, Valid Acc: 0.698675, Time 00:01:06
…
Epoch 17. Train Loss: 0.049471, Train Acc: 0.983875, Valid Loss: 1.152490, Valid Acc: 0.753461, Time 00:01:07
Epoch 18. Train Loss: 0.045714, Train Acc: 0.984395, Valid Loss: 0.901731, Valid Acc: 0.796183, Time 00:01:07
Epoch 19. Train Loss: 0.037740, Train Acc: 0.987492, Valid Loss: 0.891558, Valid Acc: 0.805775, Time 00:01:07
```

3．参考代码如下：

```
import numpy as np
import torch
import time
from torch import nn
import torch.nn.functional as F
from torch.autograd import Variable
from torchvision.datasets import CIFAR10
from datetime import datetime

def conv3x3(in_channel, out_channel, stride=1):
    return nn.Conv2d(in_channel, out_channel, 3, stride=stride, padding=1, bias=False)

class residual_block(nn.Module):
```

```
    def __init__(self, in_channel, out_channel, same_shape=True):
        super(residual_block, self).__init__()
        self.same_shape = same_shape
        stride = 1 if self.same_shape else 2
        self.conv1 = conv3x3(in_channel, out_channel, stride=stride)
        self.bn1 = nn.BatchNorm2d(out_channel)
        self.conv2 = conv3x3(out_channel, out_channel)
        self.bn2 = nn.BatchNorm2d(out_channel)
        if not self.same_shape:
            self.conv3 = nn.Conv2d(in_channel, out_channel, 1, stride=stride)

    def forward(self, x):
        out = self.conv1(x)
        out = F.relu(self.bn1(out), True)
        out = self.conv2(out)
        out = F.relu(self.bn2(out), True)
        if not self.same_shape:
            x = self.conv3(x)
        return F.relu(x + out, True)

#输入、输出形状相同
test_net = residual_block(32, 32)
test_x = Variable(torch.zeros(1, 32, 96, 96))
print('input: {}'.format(test_x.shape))
test_y = test_net(test_x)
print('output: {}'.format(test_y.shape))

#输入、输出形状不同
test_net = residual_block(3, 32, False)
test_x = Variable(torch.zeros(1, 3, 96, 96))
print('input: {}'.format(test_x.shape))
test_y = test_net(test_x)
print('output: {}'.format(test_y.shape))

class resnet(nn.Module):
    def __init__(self, in_channel, num_classes, verbose=False):
        super(resnet, self).__init__()
        self.verbose = verbose
        self.block1 = nn.Conv2d(in_channel, 64, 7, 2)
        self.block2 = nn.Sequential(
            nn.MaxPool2d(3, 2),
```

```
            residual_block(64, 64),
            residual_block(64, 64)
        )

        self.block3 = nn.Sequential(
            residual_block(64, 128, False),
            residual_block(128, 128)
        )

        self.block4 = nn.Sequential(
            residual_block(128, 256, False),
            residual_block(256, 256)
        )

        self.block5 = nn.Sequential(
            residual_block(256, 512, False),
            residual_block(512, 512),
            nn.AvgPool2d(3)
        )

        self.classifier = nn.Linear(512, num_classes)

    def forward(self, x):
        x = self.block1(x)
        if self.verbose:
            print('block 1 output: {}'.format(x.shape))
        x = self.block2(x)
        if self.verbose:
            print('block 2 output: {}'.format(x.shape))
        x = self.block3(x)
        if self.verbose:
            print('block 3 output: {}'.format(x.shape))
        x = self.block4(x)
        if self.verbose:
            print('block 4 output: {}'.format(x.shape))
        x = self.block5(x)
        if self.verbose:
            print('block 5 output: {}'.format(x.shape))
        x = x.view(x.shape[0], -1)
        x = self.classifier(x)
        return x
```

```
test_net = resnet(3, 10, True)
test_x = Variable(torch.zeros(1, 3, 96, 96))
test_y = test_net(test_x)
print('output: {}'.format(test_y.shape))

def get_acc(output, label):
    total = output.shape[0]
    _, pred_label = output.max(1)
    num_correct = (pred_label == label).sum( ).item( )
    return num_correct / total

#from utils import train
def train(net, train_data, valid_data, num_epochs, optimizer, criterion):
    if torch.cuda.is_available( ):
        net = net.cuda( )
    prev_time = datetime.now( )
    for epoch in range(num_epochs):
        train_loss = 0
        train_acc = 0
        net = net.train( )
        for im, label in train_data:
            if torch.cuda.is_available( ):
                im = Variable(im.cuda( ))    #(bs, 3, h, w)
                label = Variable(label.cuda( ))    #(bs, h, w)
            else:
                im = Variable(im)
                label = Variable(label)
            #forward
            output = net(im)
            loss = criterion(output, label)
            #backward
            optimizer.zero_grad( )
            loss.backward( )
            optimizer.step( )

            train_loss += loss.item( )
            train_acc += get_acc(output, label)

        cur_time = datetime.now( )
        h, remainder = divmod((cur_time - prev_time).seconds, 3600)
        m, s = divmod(remainder, 60)
```

```
        time_str = "Time %02d:%02d:%02d" % (h, m, s)
        if valid_data is not None:
            valid_loss = 0
            valid_acc = 0
            net = net.eval( )
            for im, label in valid_data:
                if torch.cuda.is_available( ):
                    with torch.no_grad( ):
                        im = Variable(im.cuda( ))
                    with torch.no_grad( ):
                        label = Variable(label.cuda( ))
                else:
                    with torch.no_grad( ):
                        im = Variable(im)
                    with torch.no_grad( ):
                        label = Variable(label)
                output = net(im)
                loss = criterion(output, label)
                valid_loss += loss.item( )
                valid_acc += get_acc(output, label)
            epoch_str = (
                "Epoch %d. Train Loss: %f, Train Acc: %f, Valid Loss: %f, Valid Acc: %f, "
                % (epoch, train_loss / len(train_data),
                   train_acc / len(train_data), valid_loss / len(valid_data),
                   valid_acc / len(valid_data)))
        else:
            epoch_str = ("Epoch %d. Train Loss: %f, Train Acc: %f, " %
                         (epoch, train_loss / len(train_data),
                          train_acc / len(train_data)))
        prev_time = cur_time
        print(epoch_str + time_str)

def data_tf(x):
    x = x.resize((96, 96), 2)  #将图片尺寸放大到 96 * 96
    x = np.array(x, dtype='float32') / 255
    x = (x - 0.5) / 0.5  #标准化
    x = x.transpose((2, 0, 1))  #将 channel 放到第一维，这是 PyTorch 要求的输入方式
    x = torch.from_numpy(x)
    return x

start = time.time( )
```

```
train_set = CIFAR10(r'.\data', train=True, transform=data_tf)
train_data = torch.utils.data.DataLoader(train_set, batch_size=64, shuffle=True)
test_set = CIFAR10(r'.\data', train=False, transform=data_tf)
test_data = torch.utils.data.DataLoader(test_set, batch_size=128, shuffle=False)

net = resnet(3, 10)
print(net)
optimizer = torch.optim.SGD(net.parameters( ), lr=0.01)
criterion = nn.CrossEntropyLoss( )

train(net, train_data, test_data, 20, optimizer, criterion)
end = time.time( )-start
print('Total time:', end)
```

输出结果：

```
input: torch.Size([1, 32, 96, 96])
output: torch.Size([1, 32, 96, 96])
input: torch.Size([1, 3, 96, 96])
output: torch.Size([1, 32, 48, 48])
block 1 output: torch.Size([1, 64, 45, 45])
block 2 output: torch.Size([1, 64, 22, 22])
block 3 output: torch.Size([1, 128, 11, 11])
block 4 output: torch.Size([1, 256, 6, 6])
block 5 output: torch.Size([1, 512, 1, 1])
output: torch.Size([1, 10])
Epoch 0. Train Loss: 1.388051, Train Acc: 0.491368, Valid Loss: 1.282512, Valid Acc: 0.538370, Time 00:00:52
Epoch 1. Train Loss: 0.947069, Train Acc: 0.664622, Valid Loss: 1.778951, Valid Acc: 0.469937, Time 00:00:55
……
Epoch 8. Train Loss: 0.084673, Train Acc: 0.972766, Valid Loss: 1.127709, Valid Acc: 0.721222, Time 00:00:56
Epoch 9. Train Loss: 0.070348, Train Acc: 0.977142, Valid Loss: 1.905027, Valid Acc: 0.618176, Time 00:00:56
Total time: 564.5459249019623
```

A.7 第 7 章习题与实验参考答案

A.7.1 习题参考答案

1．填空题

（1）梯度爆炸

（2）随时间变化的反向传播算法（Backpropagation Through Time，BPTT）

（3）梯度爆炸

（4）输入门、遗忘门、输出门

（5）位于后面部分的内容无法影响前面部分

2．选择题

（1）D

（2）D

（3）A

（4）A

（5）A

3．简答题

（1）Sigmoid 函数：

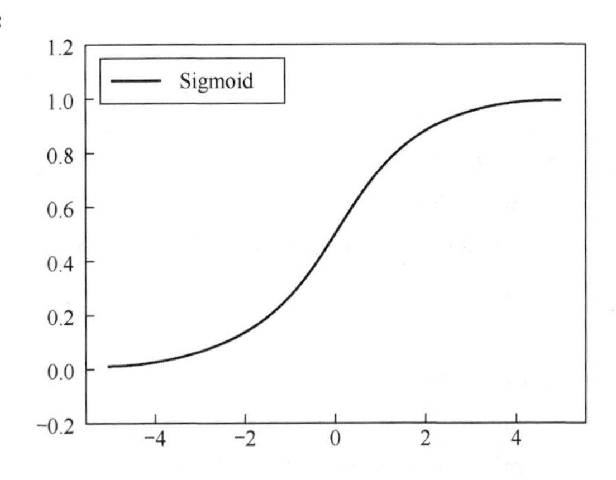

tanh 函数：

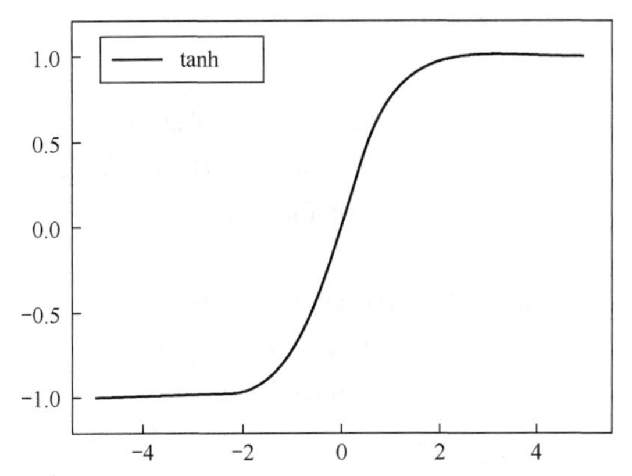

（2）2．输入门控制信号：控制输入门；3．遗忘门控制信号：控制是否清空记忆单元；4．输出门控制信号：控制是否输出记忆单元。

A.7.2　实验参考答案

1．参考代码如下：

```
import torch
import torch.nn as nn
```

```
import torchvision.datasets as ds
import torchvision.transforms as transforms
from torch.autograd import Variable

#定义超参数
sequence_length = 28
input_size = 28
hidden_size = 128
num_layers = 2
num_classes = 10
batch_size = 100
num_epochs = 2
learning_rate = 0.003

#MNIST 数据集下载
train_dataset = ds.MNIST(root='.\data',
                         train=True,
                         transform=transforms.ToTensor( ),
                         download=True)

test_dataset = ds.MNIST(root='.\data',
                        train=False,
                        transform=transforms.ToTensor( ))

#Data Loader (Input Pipeline)
train_loader = torch.utils.data.DataLoader(dataset=train_dataset,
                                           batch_size=batch_size,
                                           shuffle=True)

test_loader = torch.utils.data.DataLoader(dataset=test_dataset,
                                          batch_size=batch_size,
                                          shuffle=False)

#BiRNN 模型
class BiRNN(nn.Module):
    def __init__(self, input_size, hidden_size, num_layers, num_classes):
        super(BiRNN, self).__init__( )
        self.hidden_size = hidden_size
        self.num_layers = num_layers
        self.lstm = nn.LSTM(input_size, hidden_size, num_layers,
                            batch_first=True, bidirectional=True)
        self.fc = nn.Linear(hidden_size*2, num_classes)   #2 for bidirection
```

```
    def forward(self, x):
        #设置初始状态
        h0 = Variable(torch.zeros(self.num_layers*2, x.size(0), self.hidden_size)) #2 for bidirection
        h0 = Variable(torch.zeros(self.num_layers*2, x.size(0), self.hidden_size)).cuda( )
        c0 = Variable(torch.zeros(self.num_layers*2, x.size(0), self.hidden_size)) #c0 = Variable(torch.
                    zeros(self.num_layers*2, x.size(0), self.hidden_size)).cuda( )

        #Forward propagate RNN
        out, _ = self.lstm(x, (h0, c0))

        #Decode hidden state of last time step
        out = self.fc(out[:, -1, :])
        return out

rnn = BiRNN(input_size, hidden_size, num_layers, num_classes)
#rnn.cuda( )

#定义损失函数和优化函数
criterion = nn.CrossEntropyLoss( )
optimizer = torch.optim.Adam(rnn.parameters( ), lr=learning_rate)

#训练模型
for epoch in range(num_epochs):
    for i, (images, labels) in enumerate(train_loader):
        images = Variable(images.view(-1, sequence_length, input_size))#images = Variable(images.
                        view(-1, sequence_length, input_size)).cuda( )
        labels = Variable(labels) #labels = Variable(labels).cuda( )

        #Forward + Backward + Optimize
        optimizer.zero_grad( )
        outputs = rnn(images)
        loss = criterion(outputs, labels)
        loss.backward( )
        optimizer.step( )

        if (i+1) % 100 == 0:
            print ('Epoch [%d/%d], Step [%d/%d], Loss: %.4f'
                  %(epoch+1, num_epochs, i+1, len(train_dataset)//batch_size, loss.item( )))

#测试模型
correct = 0
```

```
total = 0
for images, labels in test_loader:
    images = Variable(images.view(-1, sequence_length, input_size))
#images = Variable(images.view(-1, sequence_length, input_size)).cuda( )
    outputs = rnn(images)
    _, predicted = torch.max(outputs.data, 1)
    total += labels.size(0)
    correct += (predicted.cpu( ) == labels).sum( )

print('Test Accuracy of the model on the 10000 test images: %d %%' % (100 * correct / total))
```

A.8 第 8 章习题与实验参考答案

A.8.1 习题参考答案

1．填空题

（1）生成、判别

（2）60 000、10 000、28 × 28

（3）（1）判别网络；（2）生成网络；（3）真实数据

（4）训练过程不稳定

（5）标签类别

2．选择题

（1）C、D、A、B

（2）B

3．简答题

（1）改进方法是将原始生成式对抗网络的目标函数中的交叉熵损失函数换成最小二乘损失函数。原始生成式对抗网络以交叉熵作为损失函数，使得生成网络不再优化那些被判别网络识别为真实数据的生成数据，即使这些生成数据的质量并不高。为什么生成网络不再优化那些生成数据呢？因为生成网络已经完成了我们为它设定的目标——尽可能地混淆判别网络，所以交叉熵损失函数已经很小了。而最小二乘损失函数采取不一样的策略，要想让最小二乘损失函数比较小，在混淆判别网络的前提下还需要让生成网络把距离决策边界比较远的生成数据拉向决策边界。为什么最小二乘损失函数可以使得原始生成式对抗网络的训练更稳定呢？因为交叉熵损失函数很容易就达到饱和状态（饱和是指梯度为 0），而最小二乘损失函数只在一点上能达到饱和。

（2）在原始生成式对抗网络中，生成网络是通过输入一些满足某种概率分布的随机数来实现的。而在条件生成式对抗网络中，要先将随机数与标签类别做拼接，再将其输入生成网络，生成所需要的数据。对判别网络，也要将真实数据或生成数据与对应的标签类别做拼接，再将其输入判别网络进行识别和判断。

A.8.2　实验参考答案

在运行 main.py 前，在 PyCharm 的 Run 菜单中选择“Edit Configurations”选项，若在“Parameters”中输入“--dataset mnist --gan_type CGAN --epoch 5 --batch_size 64”，则选择了 CGAN 程序，并且在 MNIST 数据集上运行；若输入“--dataset fashion-mnist --gan_type LSGAN --epoch 5 --batch_size 64”，则选择了 LSGAN 程序，并且在 Fashion-MNIST 数据集上运行。

main.py 的参考代码如下：

```
import argparse, os, torch
from CGAN import CGAN
from LSGAN import LSGAN


#parsing and configuration
def parse_args( ):
    desc = "Pytorch implementation of GAN collections"
    parser = argparse.ArgumentParser(description=desc)
    parser.add_argument('--gan_type', type=str, default='CGAN',
                        choices=['CGAN', 'LSGAN'],
                        help='The type of GAN')
    parser.add_argument('--dataset', type=str, dcfault='mnist', choices=['mnist', 'fashion-mnist'],
                        help='The name of dataset')
    parser.add_argument('--split', type=str, default='', help='The split flag for svhn and stl10')
    parser.add_argument('--epoch', type=int, default=50, help='The number of epochs to run')
    parser.add_argument('--batch_size', type=int, default=64, help='The size of batch')
    parser.add_argument('--input_size', type=int, default=28, help='The size of input image')
    parser.add_argument('--save_dir', type=str, default='models',
                        help='Directory name to save the model')
    parser.add_argument('--result_dir', type=str, default='results', help='Directory name to save the
                                               generated images')
    parser.add_argument('--log_dir', type=str, default='logs', help='Directory name to save training logs')
    parser.add_argument('--lrG', type=float, default=0.0002)
    parser.add_argument('--lrD', type=float, default=0.0002)
    parser.add_argument('--beta1', type=float, default=0.5)
    parser.add_argument('--beta2', type=float, default=0.999)
```

```
        parser.add_argument('--gpu_mode', type=bool, default=True)
        parser.add_argument('--benchmark_mode', type=bool, default=True)
        return check_args(parser.parse_args( ))

    #checking arguments
    def check_args(args):
        #--save_dir
        if not os.path.exists(args.save_dir):
            os.makedirs(args.save_dir)
        #--result_dir
        if not os.path.exists(args.result_dir):
            os.makedirs(args.result_dir)
        #--result_dir
        if not os.path.exists(args.log_dir):
            os.makedirs(args.log_dir)
        #--epoch
        try:
            assert args.epoch >= 1
        except:
            print('number of epochs must be larger than or equal to one')
        #--batch_size
        try:
            assert args.batch_size >= 1
        except:
           print('batch size must be larger than or equal to one')
        return args

    #main
    def main( ):
        #parse arguments
        args = parse_args( )
        if args is None:
            exit( )
        if args.benchmark_mode:
            torch.backends.cudnn.benchmark = True
            #declare instance for GAN
        if args.gan_type == 'CGAN':
            gan = CGAN(args)
```

```
    elif args.gan_type == 'LSGAN':
        gan = LSGAN(args)
    else:
        raise Exception("[!] There is no option for " + args.gan_type)
        #launch the graph in a session
    gan.train( )
    print(" [*] Training finished!")
    #visualize learned generator
    gan.visualize_results(args.epoch)
    print(" [*] Testing finished!")

if __name__ == '__main__':
    main( )
```

dataloader.py 的参考代码如下：

```
from torch.utils.data import DataLoader
from torchvision import datasets, transforms
def dataloader(dataset, input_size, batch_size, split='train'):
    transform = transforms.Compose([transforms.Resize((input_size, input_size)), transforms.ToTensor( ),
                                    transforms.Normalize(mean=(0.5,), std=(0.5,))])
    if dataset == 'mnist':
        data_loader = DataLoader(
            datasets.MNIST('./data', train=True, download=True, transform=transform),
            batch_size=batch_size, shuffle=True)
    elif dataset == 'fashion-mnist':
        data_loader = DataLoader(
            datasets.FashionMNIST('./data', train=True, download=True, transform=transform),
            batch_size=batch_size, shuffle=True)
    return data_loader
```

CGAN.py 的参考代码如下：

```
import utils, torch, time, os, pickle
import numpy as np
import torch.nn as nn
import torch.optim as optim
from dataloader import dataloader

class generator(nn.Module):
    #Architecture : FC1024_BR-FC7x7x128_BR-(64)4dc2s_BR-(1)4dc2s_S
```

```
    def __init__(self, input_dim=100, output_dim=1, input_size=32, class_num=10):
        super(generator, self).__init__( )
        self.input_dim = input_dim
        self.output_dim = output_dim
        self.input_size = input_size
        self.class_num = class_num

        self.fc = nn.Sequential(
            nn.Linear(self.input_dim + self.class_num, 1024),
            nn.BatchNorm1d(1024),
            nn.ReLU( ),
            nn.Linear(1024, 128 * (self.input_size // 4) * (self.input_size // 4)),
            nn.BatchNorm1d(128 * (self.input_size // 4) * (self.input_size // 4)),
            nn.ReLU( ),
        )

        self.deconv = nn.Sequential(
            nn.ConvTranspose2d(128, 64, 4, 2, 1),
            nn.BatchNorm2d(64),
            nn.ReLU( ),
            nn.ConvTranspose2d(64, self.output_dim, 4, 2, 1),
            nn.Tanh( ),
        )

        utils.initialize_weights(self)

    def forward(self, input, label):
        x = torch.cat([input, label], 1)
        x = self.fc(x)
        x = x.view(-1, 128, (self.input_size // 4), (self.input_size // 4))
        x = self.deconv(x)
        return x

class discriminator(nn.Module):
    #Architecture : (64)4c2s-(128)4c2s_BL-FC1024_BL-FC1_S
    def __init__(self, input_dim=1, output_dim=1, input_size=32, class_num=10):
        super(discriminator, self).__init__( )
        self.input_dim = input_dim
```

```
        self.output_dim = output_dim
        self.input_size = input_size
        self.class_num = class_num

        self.conv = nn.Sequential(
            nn.Conv2d(self.input_dim + self.class_num, 64, 4, 2, 1),
            nn.LeakyReLU(0.2),
            nn.Conv2d(64, 128, 4, 2, 1),
            nn.BatchNorm2d(128),
            nn.LeakyReLU(0.2),
        )

        self.fc = nn.Sequential(
            nn.Linear(128 * (self.input_size // 4) * (self.input_size // 4), 1024),
            nn.BatchNorm1d(1024),
            nn.LeakyReLU(0.2),
            nn.Linear(1024, self.output_dim),
            nn.Sigmoid( ),
        )

        utils.initialize_weights(self)

    def forward(self, input, label):
        x = torch.cat([input, label], 1)
        x = self.conv(x)
        x = x.view(-1, 128 * (self.input_size // 4) * (self.input_size // 4))
        x = self.fc(x)
        return x

class CGAN(object):
    def __init__(self, args):
        #parameters
        self.epoch = args.epoch
        self.batch_size = args.batch_size
        self.save_dir = args.save_dir
        self.result_dir = args.result_dir
        self.dataset = args.dataset
        self.log_dir = args.log_dir
```

```
self.gpu_mode = args.gpu_mode
self.model_name = args.gan_type
self.input_size = args.input_size
self.z_dim = 62
self.class_num = 10
self.sample_num = self.class_num ** 2

#load dataset
self.data_loader = dataloader(self.dataset, self.input_size, self.batch_size)
data = self.data_loader.__iter__( ).__next__( )[0]

#networks init
self.G = generator(input_dim=self.z_dim, output_dim=data.shape[1], input_size=self.input_
                                    size, class_num=self.class_num)
self.D = discriminator(input_dim=data.shape[1], output_dim=1, input_size=self.input_size,
                                    class_num=self.class_num)
self.G_optimizer = optim.Adam(self.G.parameters( ), lr=args.lrG, betas=(args.beta1, args.beta2))
self.D_optimizer = optim.Adam(self.D.parameters( ), lr=args.lrD, betas=(args.beta1, args.beta2))

if self.gpu_mode:
    self.G.cuda( )
    self.D.cuda( )
    self.BCE_loss = nn.BCELoss( ).cuda( )
else:
    self.BCE_loss = nn.BCELoss( )

print('---------- Networks architecture -------------')
utils.print_network(self.G)
utils.print_network(self.D)
print('-----------------------------------------------')

#fixed noise & condition
self.sample_z_ = torch.zeros((self.sample_num, self.z_dim))
for i in range(self.class_num):
    self.sample_z_[i*self.class_num] = torch.rand(1, self.z_dim)
    for j in range(1, self.class_num):
        self.sample_z_[i*self.class_num + j] = self.sample_z_[i*self.class_num]
```

```
        temp = torch.zeros((self.class_num, 1))
        for i in range(self.class_num):
            temp[i, 0] = i

        temp_y = torch.zeros((self.sample_num, 1))
        for i in range(self.class_num):
            temp_y[i*self.class_num: (i+1)*self.class_num] = temp
        self.sample_y_ = torch.zeros((self.sample_num, self.class_num)).scatter_(1, temp_y.type(torch.
                                                                    LongTensor), 1)
        if self.gpu_mode:
            self.sample_z_, self.sample_y_ = self.sample_z_.cuda( ), self.sample_y_.cuda( )

    def train(self):
        self.train_hist = {}
        self.train_hist['D_loss'] = []
        self.train_hist['G_loss'] = []
        self.train_hist['per_epoch_time'] = []
        self.train_hist['total_time'] = []
        self.y_real_, self.y_fake_ = torch.ones(self.batch_size, 1), torch.zeros(self.batch_size, 1)
        if self.gpu_mode:
            self.y_real_, self.y_fake_ = self.y_real_.cuda( ), self.y_fake_.cuda( )
        self.D.train( )
        print('training start!!')
        start_time = time.time( )
        for epoch in range(self.epoch):
            self.G.train( )
            epoch_start_time = time.time( )
            for iter, (x_, y_) in enumerate(self.data_loader):
                if iter == self.data_loader.dataset.__len__( ) // self.batch_size:
                    break
                z_ = torch.rand((self.batch_size, self.z_dim))
                y_vec_ = torch.zeros((self.batch_size, self.class_num)).scatter_(1, y_.type(torch.
                                                    LongTensor).unsqueeze(1), 1)
                y_fill_ = y_vec_.unsqueeze(2).unsqueeze(3).expand(self.batch_size, self.class_num,
                                                    self.input_size, self.input_size)
                if self.gpu_mode:
                    x_, z_, y_vec_, y_fill_ = x_.cuda( ), z_.cuda( ), y_vec_.cuda( ), y_fill_.cuda( )
                #update D network
```

```
                self.D_optimizer.zero_grad( )
                D_real = self.D(x_, y_fill_)
                D_real_loss = self.BCE_loss(D_real, self.y_real_)
                G_ = self.G(z_, y_vec_)
                D_fake = self.D(G_, y_fill_)
                D_fake_loss = self.BCE_loss(D_fake, self.y_fake_)
                D_loss = D_real_loss + D_fake_loss
                self.train_hist['D_loss'].append(D_loss.item( ))
                D_loss.backward( )
                self.D_optimizer.step( )
                #update G network
                self.G_optimizer.zero_grad( )
                G_ = self.G(z_, y_vec_)
                D_fake = self.D(G_, y_fill_)
                G_loss = self.BCE_loss(D_fake, self.y_real_)
                self.train_hist['G_loss'].append(G_loss.item( ))
                G_loss.backward( )
                self.G_optimizer.step( )
                if ((iter + 1) % 100) == 0:
                    print("Epoch: [%2d] [%4d/%4d] D_loss: %.8f, G_loss: %.8f" % ((epoch + 1),
                            (iter + 1), self.data_loader.dataset.__len__( ) // self.batch_ size,
                                          D_loss.item( ), G_loss.item( )))

            self.train_hist['per_epoch_time'].append(time.time( ) - epoch_start_time)
            with torch.no_grad( ):
                self.visualize_results((epoch+1))

        self.train_hist['total_time'].append(time.time( ) - start_time)
        print("Avg one epoch time: %.2f, total %d epochs time: %.2f" % (np.mean(self. train_hist
                ['per_epoch_time']), self.epoch, self.train_hist['total_time'][0]))
        print("Training finish!... save training results")
        self.save( )
        utils.generate_animation(self.result_dir + '/' + self.dataset + '/' + self.model_name + '/' +
                                        self.model_name, self.epoch)
        utils.loss_plot(self.train_hist, os.path.join(self.save_dir, self.dataset, self.model_name), self.
                                                                    model_name)
    def visualize_results(self, epoch, fix=True):
        self.G.eval( )
```

```
        if not os.path.exists(self.result_dir + '/' + self.dataset + '/' + self.model_name):
            os.makedirs(self.result_dir + '/' + self.dataset + '/' + self.model_name)
        image_frame_dim = int(np.floor(np.sqrt(self.sample_num)))
        if fix:
            # fixed noise
            samples = self.G(self.sample_z_, self.sample_y_)
        else:
            # random noise
            sample_y_ = torch.zeros(self.batch_size, self.class_num).scatter_(1, torch.randint(0, self.
                class_num - 1, (self.batch_size, 1)).type(torch.LongTensor), 1)
            sample_z_ = torch.rand((self.batch_size, self.z_dim))
            if self.gpu_mode:
                sample_z_, sample_y_ = sample_z_.cuda( ), sample_y_.cuda( )
            samples = self.G(sample_z_, sample_y_)
        if self.gpu_mode:
            samples = samples.cpu( ).data.numpy( ).transpose(0, 2, 3, 1)
        else:
            samples = samples.data.numpy( ).transpose(0, 2, 3, 1)
        samples = (samples + 1) / 2
        utils.save_images(samples[:image_frame_dim * image_frame_dim, :, :, :], [image_frame_dim,
        image_frame_dim],self.result_dir + '/' + self.dataset + '/' + self.model_name + '/' + self.model_
        name + '_epoch%03d' % epoch + '.png')
    def save(self):
        save_dir = os.path.join(self.save_dir, self.dataset, self.model_name)
        if not os.path.exists(save_dir):
            os.makedirs(save_dir)
        torch.save(self.G.state_dict( ), os.path.join(save_dir, self.model_name + '_G.pkl'))
        torch.save(self.D.state_dict( ), os.path.join(save_dir, self.model_name + '_D.pkl'))
        with open(os.path.join(save_dir, self.model_name + '_history.pkl'), 'wb') as f:
            pickle.dump(self.train_hist, f)
    def load(self):
        save_dir = os.path.join(self.save_dir, self.dataset, self.model_name)
        self.G.load_state_dict(torch.load(os.path.join(save_dir, self.model_name + '_G.pkl')))
        self.D.load_state_dict(torch.load(os.path.join(save_dir, self.model_name + '_D.pkl')))
```

LSGAN.py 参考代码如下：

```
import utils, torch, time, os, pickle
import numpy as np
import torch.nn as nn
```

```
import torch.optim as optim
from dataloader import dataloader
class generator(nn.Module):
#Architecture : FC1024_BR-FC7x7x128_BR-(64)4dc2s_BR-(1)4dc2s_S
    def __init__(self, input_dim=100, output_dim=1, input_size=32):
        super(generator, self).__init__( )
        self.input_dim = input_dim
        self.output_dim = output_dim
        self.input_size = input_size

        self.fc = nn.Sequential(
            nn.Linear(self.input_dim, 1024),
            nn.BatchNorm1d(1024),
            nn.ReLU( ),
            nn.Linear(1024, 128 * (self.input_size // 4) * (self.input_size // 4)),
            nn.BatchNorm1d(128 * (self.input_size // 4) * (self.input_size // 4)),
            nn.ReLU( ),
        )

        self.deconv = nn.Sequential(
            nn.ConvTranspose2d(128, 64, 4, 2, 1),
            nn.BatchNorm2d(64),
            nn.ReLU( ),
            nn.ConvTranspose2d(64, self.output_dim, 4, 2, 1),
            nn.Tanh( ),
        )
        utils.initialize_weights(self)

    def forward(self, input):
        x = self.fc(input)
        x = x.view(-1, 128, (self.input_size // 4), (self.input_size // 4))
        x = self.deconv(x)
        return x

class discriminator(nn.Module):
#Architecture : (64)4c2s-(128)4c2s_BL-FC1024_BL-FC1_S
    def __init__(self, input_dim=1, output_dim=1, input_size=32):
        super(discriminator, self).__init__( )
```

```
        self.input_dim = input_dim
        self.output_dim = output_dim
        self.input_size = input_size

        self.conv = nn.Sequential(
            nn.Conv2d(self.input_dim, 64, 4, 2, 1),
            nn.LeakyReLU(0.2),
            nn.Conv2d(64, 128, 4, 2, 1),
            nn.BatchNorm2d(128),
            nn.LeakyReLU(0.2),
        )
        self.fc = nn.Sequential(
            nn.Linear(128 * (self.input_size // 4) * (self.input_size // 4), 1024),
            nn.BatchNorm1d(1024),
            nn.LeakyReLU(0.2),
            nn.Linear(1024, self.output_dim),
        )
        utils.initialize_weights(self)

    def forward(self, input):
        x = self.conv(input)
        x = x.view(-1, 128 * (self.input_size // 4) * (self.input_size // 4))
        x = self.fc(x)
        return x

class LSGAN(object):
    def __init__(self, args):
        #parameters
        self.epoch = args.epoch
        self.sample_num = 100
        self.batch_size = args.batch_size
        self.save_dir = args.save_dir
        self.result_dir = args.result_dir
        self.dataset = args.dataset
        self.log_dir = args.log_dir
        self.gpu_mode = args.gpu_mode
        self.model_name = args.gan_type
        self.input_size = args.input_size
```

```
        self.z_dim = 62

        #load dataset
        self.data_loader = dataloader(self.dataset, self.input_size, self.batch_size)
        data = self.data_loader.__iter__( ).__next__( )[0]
        #networks init
        self.G = generator(input_dim=self.z_dim, output_dim=data.shape[1], input_size=self.input_size)
        self.D = discriminator(input_dim=data.shape[1], output_dim=1, input_size=self.input_size)
        self.G_optimizer = optim.Adam(self.G.parameters( ), lr=args.lrG, betas=(args.beta1, args.beta2))
        self.D_optimizer = optim.Adam(self.D.parameters( ), lr=args.lrD, betas=(args.beta1, args.beta2))

        if self.gpu_mode:
            self.G.cuda( )
            self.D.cuda( )
            self.MSE_loss = nn.MSELoss( ).cuda( )
        else:
            self.MSE_loss = nn.MSELoss( )
        print('---------- Networks architecture -------------')
        utils.print_network(self.G)
        utils.print_network(self.D)
        print('-----------------------------------------------')

        #fixed noise
        self.sample_z_ = torch.rand((self.batch_size, self.z_dim))
        if self.gpu_mode:
            self.sample_z_ = self.sample_z_.cuda( )

    def train(self):
        self.train_hist = {}
        self.train_hist['D_loss'] = []
        self.train_hist['G_loss'] = []
        self.train_hist['per_epoch_time'] = []
        self.train_hist['total_time'] = []
        self.y_real_, self.y_fake_ = torch.ones(self.batch_size, 1), torch.zeros(self.batch_size, 1)
        if self.gpu_mode:
            self.y_real_, self.y_fake_ = self.y_real_.cuda( ), self.y_fake_.cuda( )

        self.D.train( )
```

```
print('training start!!')
start_time = time.time( )
for epoch in range(self.epoch):
    self.G.train( )
    epoch_start_time = time.time( )
    for iter, (x_, _) in enumerate(self.data_loader):
        if iter == self.data_loader.dataset.__len__( ) // self.batch_size:
            break
        z_ = torch.rand((self.batch_size, self.z_dim))
        if self.gpu_mode:
            x_, z_ = x_.cuda( ), z_.cuda( )

        #update D network
        self.D_optimizer.zero_grad( )
        D_real = self.D(x_)
        D_real_loss = self.MSE_loss(D_real, self.y_real_)
        G_ = self.G(z_)
        D_fake = self.D(G_)
        D_fake_loss = self.MSE_loss(D_fake, self.y_fake_)
        D_loss = D_real_loss + D_fake_loss
        self.train_hist['D_loss'].append(D_loss.item( ))
        D_loss.backward( )
        self.D_optimizer.step( )
        #update G network
        self.G_optimizer.zero_grad( )
        G_ = self.G(z_)
        D_fake = self.D(G_)
        G_loss = self.MSE_loss(D_fake, self.y_real_)
        self.train_hist['G_loss'].append(G_loss.item( ))
        G_loss.backward( )
        self.G_optimizer.step( )
        if ((iter + 1) % 100) == 0:
            print("Epoch: [%2d] [%4d/%4d] D_loss: %.8f, G_loss: %.8f" % ((epoch + 1),
                                (iter + 1), self.data_loader.dataset.__len__( ) // self.batch_
                                    size, D_loss.item( ), G_loss.item( )))
    self.train_hist['per_epoch_time'].append(time.time( ) - epoch_start_time)
    with torch.no_grad( ):
        self.visualize_results((epoch+1))
```

```
        self.train_hist['total_time'].append(time.time( ) - start_time)
        print("Avg one epoch time: %.2f, total %d epochs time: %.2f" % (np.mean(self.train_ hist
                    ['per_epoch_time']), self.epoch, self.train_hist['total_time'][0]))
        print("Training finish!... save training results")
        self.save( )
        utils.generate_animation(self.result_dir + '/' + self.dataset + '/' + self.model_name + '/' + self.
                                                                    model_name, self.epoch)
        utils.loss_plot(self.train_hist, os.path.join(self.save_dir, self.dataset, self.model_name), self.
                                                                    model_name)

    def visualize_results(self, epoch, fix=True):
        self.G.eval( )
        if not os.path.exists(self.result_dir + '/' + self.dataset + '/' + self.model_name):
            os.makedirs(self.result_dir + '/' + self.dataset + '/' + self.model_name)
        tot_num_samples = min(self.sample_num, self.batch_size)
        image_frame_dim = int(np.floor(np.sqrt(tot_num_samples)))
        if fix:
            # fixed noise
            samples = self.G(self.sample_z_)
        else:
            # random noise
            sample_z_ = torch.rand((self.batch_size, self.z_dim))
            if self.gpu_mode:
                sample_z_ = sample_z_.cuda( )
            samples = self.G(sample_z_)

        if self.gpu_mode:
            samples = samples.cpu( ).data.numpy( ).transpose(0, 2, 3, 1)
        else:
            samples = samples.data.numpy( ).transpose(0, 2, 3, 1)
        samples = (samples + 1) / 2
        utils.save_images(samples[:image_frame_dim * image_frame_dim, :, :, :], [image_frame_dim,
        image_frame_dim], self.result_dir + '/' + self.dataset + '/' + self.model_name + '/' + self.
        model_name + '_epoch%03d' % epoch + '.png')
    def save(self):
        save_dir = os.path.join(self.save_dir, self.dataset, self.model_name)
        if not os.path.exists(save_dir):
            os.makedirs(save_dir)
```

```
        torch.save(self.G.state_dict( ), os.path.join(savc_dir, self.model_name + '_G.pkl'))
        torch.save(self.D.state_dict( ), os.path.join(save_dir, self.model_name + '_D.pkl'))
        with open(os.path.join(save_dir, self.model_name + '_history.pkl'), 'wb') as f:
            pickle.dump(self.train_hist, f)

    def load(self):
        save_dir = os.path.join(self.save_dir, self.dataset, self.model_name)
        self.G.load_state_dict(torch.load(os.path.join(save_dir, self.model_name + '_G.pkl')))
        self.D.load_state_dict(torch.load(os.path.join(save_dir, self.model_name + '_D.pkl')))
```

参考文献

[1] Ian Goodfellow, Yoshua Bengio, Aaron Courville. 深度学习. 赵申剑，黎彧君，符天凡，李凯，译. 北京：人民邮电出版社，2017.

[2] 廖星宇. 深度学习入门之 PyTorch. 北京：电子工业出版社，2017.

[3] 山下隆义. 图解深度学习. 张弥，译. 北京：人民邮电出版社，2018.

[4] 陈云. 深度学习框架 PyTorch 入门与实践. 北京：电子工业出版社，2018.

[5] 邢梦来，王硕，孙洋洋. 白话深度学习与 TensorFlow. 北京：机械工业出版社，2017.

[6] 集智俱乐部. 深度学习原理与 PyTorch 实战. 北京：人民邮电出版社，2019.

[7] 邢梦来，王硕，孙洋洋. 深度学习框架 PyTorch 快速开发与实战. 北京：电子工业出版社，2018.